リチウムイオン
二次電池の
性能評価

長く安全に使うための基礎知識

小山 昇
Oyama Noboru
[監修]

小山 昇・幸 琢寛
Oyama Noboru　　Miyuki Takuhiro
[編著]

日刊工業新聞社

図 5.8　TOF-SIMS を用いた SEI 被膜のイオン像の例（市販 LIB の負極）

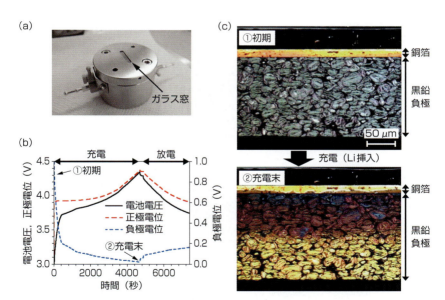

図 7.1　共焦点顕微鏡を用いた黒鉛負極端面のオペランド観察

(a)観察用のガラス窓付きセル、(b)充放電曲線、(c)黒鉛負極の断面（リチウムイオンが挿入されると金色（黒→青→赤→黄）に変化）

1

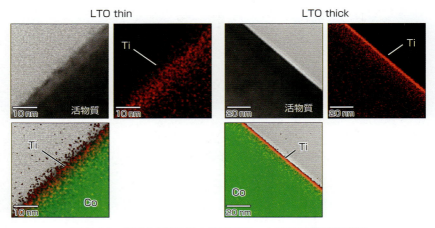

図8.11　TEM-EDXによる表面コート層の被覆状態評価

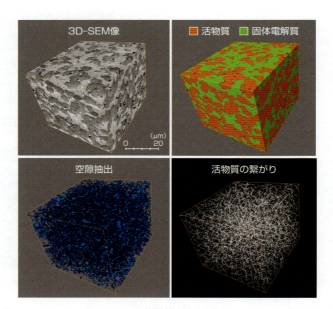

図8.12　3D-SEMによる分散性評価と各パラメータの抽出結果

はじめに

　本書では、リチウムイオン二次電池（LIB）に関する作動の基礎概念、電池特性、汎用電池の構成要素材料、電池の性能劣化とそのメカニズム、劣化度・寿命予測の評価方法を解説しています。電池の性能検査のために、特に充放電曲線から得られる情報、直流パルスおよび交流インピーダンス計測を用いた評価・解析法について、基礎からじっくりと電気化学法をベースにした解説となっています。また、電池反応は、固体反応のために考慮すべき見過ごされがちな重要因子についても述べています。ただし、正極活物質および負極活物質に関する幾何学的構造体としての解説は略しました。国内外で汎用のLIBの基礎特性およびその特徴、最新の測定・評価法や開発中の材料も紹介しています。さらに、進展が期待されているLIBの開発に役立つ先導的な要素を兼ね備えた基礎情報になるよう記載しました。本書の内容が、LIBが関わる科学技術の進展を概観し理解するのに役立ち、性能把握、性能維持、および劣化度合いの評価を簡易かつ正確にできる新しい評価法の開発、長期信頼性と性能を確保した新しい製品へとつながる研究開発の進展に貢献できることを期待しています。

　本書は、LIB開発および関連の材料開発に携わる研究者・技術者の方、LIBを使う製品（自動車、輸送機や電動二輪車、定置型蓄電池、電子機器、産業機械、ロボット、ドローン、電動工具、その他）に携わる技術者の良き解説書となることを目標としています。新規参入企業や新たに研究をはじめられた関係者にとどまらず、経験をお持ちの技術者・研究者や企画関係者のために役立つ内容が記載されています。また、ユーザーが商品へ搭載する際に、LIBの種類ごとの相性がわかり、選択の際に役立つよう、構成材料の異なるLIBの電池特性が比較できるように記載されています。

　最後に、優れた原稿のご提供・ご協力をいただいた執筆者の株式会社東レリサーチセンター研究員の方々、およびその取りまとめを辛抱強く行ってくださった日刊工業新聞社出版局の国分未生さん、および仕上げステージのまとめを

行ってくださった岡野晋弥さんに厚く御礼申し上げます。

2019 年 7 月

小山　昇

目　　次

はじめに　i

第１章　電池反応の原理
小山昇

1.1　リチウムイオン二次電池 …………………………………………………… 2

1.2　動作反応メカニズム …………………………………………………………… 6

1.3　エネルギー密度 ………………………………………………………………… 8

1.4　熱力学 …………………………………………………………………………… 9

　1.4.1　酸化還元電位およびネルンスト式 …………………………………… 9

　1.4.2　電池の出力電位 …………………………………………………………… 11

　1.4.3　擬似等価回路 ……………………………………………………………… 12

　1.4.4　熱挙動 ……………………………………………………………………… 13

1.5　電極反応モデル ………………………………………………………………… 16

　1.5.1　固相レドックス反応による電位応答 ………………………………… 17

　1.5.2　固体活物質のサイクリックボルタモグラム（CV） ……………… 18

　1.5.3　活物質のレドックス反応の固体状態と溶存状態との相違

　　　　（イナートゾーン電位の存在） ………………………………………… 24

1.6　市販リチウムイオン二次電池の電気化学的応答 ………………………… 26

　1.6.1　黒鉛負極とリン酸鉄リチウム正極からなる市販電池 …………… 26

　1.6.2　活物質粒子のレドックス反応 ………………………………………… 27

　1.6.3　リチウムイオンの拡散過程と拡散係数および反応層 …………… 29

第２章　電池の構成材料
小山昇

2.1　負極材料 ………………………………………………………………………… 34

iii

目　　次

2.2　正極材料 ……………………………………………… 37

2.3　電解質および電解液 …………………………………… 41

2.4　その他の構成材料 ……………………………………… 46

　2.4.1　セパレータ ………………………………………… 46

　2.4.2　バインダー ………………………………………… 48

　2.4.3　添加剤 ……………………………………………… 49

　2.4.4　集電体 ……………………………………………… 51

第3章　充放電特性　　　　　　　　　　　　　　　　小山昇

3.1　充放電曲線 ……………………………………………… 56

3.2　出力電位のヒステリシス現象 ………………………… 59

3.3　汎用電池の充放電特性の特徴 ………………………… 61

第4章　電池特性の評価　　　　　　　　　小山昇・山口秀一郎

4.1　電気化学的測定法の基礎 ……………………………… 68

4.2　評価モデルとなる等価回路 …………………………… 70

4.3　直流評価法 ……………………………………………… 73

　4.3.1　サイクリックボルタンメトリー ………………… 73

　4.3.2　パルス法 …………………………………………… 75

　4.3.3　パルス過渡応答の規格化 ………………………… 77

4.4　交流インピーダンス法 ………………………………… 82

　4.4.1　測定法の原理・特徴 ……………………………… 82

　4.4.2　計測・評価の際に考慮すべき事項 ……………… 84

　4.4.3　汎用電池のインピーダンススペクトル ………… 88

目　　次

第5章　性能の劣化

5.1　劣化の諸因子 ………………………………………………… 小山昇　98

5.2　電極表面 SEI 被膜の構造解析・組成分析 ……………… 森脇博文　101

　5.2.1　SEI 被膜による劣化 ……………………………………………… 101

　5.2.2　SEI 被膜分析における試料前処理と測定手法 ………………… 102

　5.2.3　電極表面の SEI 被膜の分析事例 ………………………………… 104

5.3　汎用電池の劣化評価と管理手法の特徴 …………………… 小山昇　111

5.4　短絡 ……………………………………………………………… 小山昇　112

　5.4.1　安全性の装備 ……………………………………………………… 113

　5.4.2　特殊釘刺し試験 …………………………………………………… 114

　5.4.3　内部短絡と充放電曲線 …………………………………………… 116

第6章　劣化および寿命の評価

6.1　電池特性変化のシミュレーション評価 …………………… 幸琢寛　122

　6.1.1　電池特性シミュレーションの理論 ……………………………… 123

　6.1.2　OCV 曲線と微分曲線（dV/dQ、dQ/dV） ………………… 126

　6.1.3　電池特性変化シミュレーション ………………………………… 129

　6.1.4　電池内の反応分布の解析 ………………………………………… 133

6.2　劣化判定 …………………………… 小山昇・山口秀一郎・古舘林　135

　6.2.1　解析の最適擬似等価回路および CPE の有無 ………………… 135

　6.2.2　劣化によるインピーダンス特性変化 …………………………… 137

6.3　機械学習法による劣化診断 ……… 小山昇・山口秀一郎・古舘林　140

　6.3.1　インピーダンス特性の使用 ……………………………………… 140

　6.3.2　寿命推定 …………………………………………………………… 141

　6.3.3　パルス特性と評価用等価回路 …………………………………… 142

　6.3.4　パルス特性を用いた機械学習的診断 …………………………… 143

目　　　次

6.4　リユースとリサイクル ································· 小山昇　147
　6.4.1　市場 ··· 147
　6.4.2　EV および PHV 用 LIB ······························· 149
　6.4.3　リユースの仕分け ····································· 149
　6.4.4　リサイクル ··· 153

第 7 章　電池の性能改善

7.1　電極活物質層内評価（充放電下の電極のオペランド評価）···· 幸琢寛　156
　7.1.1　共焦点顕微鏡を用いた電極断面のオペランド観察 ·············· 157
　7.1.2　X 線回折（XRD）を用いた電極活物質層のオペランド評価 ········· 159
　7.1.3　LIB の膨張収縮について ································· 161
　7.1.4　単極厚み変化の高精度オペランド測定 ················· 164
7.2　界面の化学修飾と制御 ································· 小山昇　168
　7.2.1　正極活物質の化学修飾 ································· 168
　7.2.2　負極活物質の化学修飾 ································· 170
　7.2.3　電解質の改善 ··· 172
7.3　添加物による対策 ··································· 小山昇　173

第 8 章　新しい全固体リチウムイオン二次電池の開発

8.1　全固体電池の特徴と分析評価技術 ··············· 幸琢寛　180
　8.1.1　全固体電池の特徴 ······································· 180
　8.1.2　全固体 LIB の試作方法 ································· 185
　8.1.3　全固体 LIB の評価法 ··································· 186
8.2　全固体電池の材料開発と作製プロセスにおける分析評価技術
　　　 ··· 齋藤正裕　194
　8.2.1　材料開発 ··· 195
　8.2.2　電池作製プロセス ······································· 199

第1章

電池反応の原理

第 1 章　電池反応の原理

1.1　リチウムイオン二次電池

　リチウムイオン二次電池（LIB）に関する用途と市場は、最近大きく変貌し飛躍的に拡大しつつあります。特に、車載用としてハイブリット車、電気自動車での拡大、再生可能エネルギーの大規模導入による電力貯蔵や家庭・ビル用電源としての使用、携帯用電子機器の関係では、映像の記録再生機能を持つ携帯電話やワイヤレスのインターネット接続など、コードレスの電子機器があたりまえの時代になりました。また、電動アシスト自転車、ドローンやバイクなどでの用途も広がり、ここでは、二次電池に対し従来の2～3倍のパワーが要求されています。さらには、鉄道、航空宇宙、船舶などの運輸産業用、ロボット用などの電源として、軽量で高出力容量、かつ長寿命の新しい二次電池の出現が強く求められています。電源開発では、燃料電池、太陽電池、ニッケル水素電池、キャパシタなども注目を浴びています。二次電池の中でエネルギー密度の向上が今後も期待されるものは、やはりリチウム系電池であります。性能、価格、安全性など、全ての条件を満たす電池材料の開発、およびその作製プロセスの革新が求められています。

　最初のリチウム二次電池は、正極にポリアニリン、負極に Li–Al 合金を用いたコイン型のものが、ブリジストン・セイコー電子部品のグループにより 1984 年に市販されました（図 1.1 に示す電池で、基礎研究は筆者の研究室がサポートしました）[*]。次に、リチウムイオンのみが移動する型の原理に基づく、サイズの大きなソニーエナジーテック製のリチウムイオン二次電池（LIB）が 1991 年に市場に現れました[**]。ここでは、正極にはコバルト酸リチウム（$LiCoO_2$）[***]の無機層状化合物が、負極にはリチウムイオンをインターカレーションするソフト・カーボン材料が、電解質には支持塩を含む非水有機液

---

[*]　この電池の充放電過程では、負極ではリチウムイオンおよび正極では陰イオンの移動反応が起っており、この場合には多くの電解質の量が必要となります。

[**]　作動原理の確立は、1985 年に旭化成の吉野彰氏によって行われました。

[***]　1980 年に J. G. Goodenough と水島公一氏が開発したイオン伝導体です。

2

1.1 リチウムイオン二次電池

図 1.1　1980 年代半ばに販売されたポリマーリチウム二次電池
株式会社ブリヂストンとセイコー電子部品株式会社による製品化のコイン型セル

体が、セパレータにはポリオレフィン系の材料が用いられました。パッケージも、薄い鋼材やフィルム状ラミネートアルミニウム材が用いられて軽量化が図られました。

この間、先端材料を用いた高性能の LIB は、主にノートパソコンや携帯電話の電源として市販化されて進展してきました。一般に、金属酸化物正極材料の持つ重量容量密度は 150～200 Ah kg^{-1} であり、負極材料は 300～350 Ah kg^{-1} であります。

図 1.2 には、小型円筒形 LIB のメーカー製の高エネルギー密度の一例を示しました。最新商品（2018 年 5 月 10 日発表）では、「エネルギー密度；電池全体のグラム重量単位で 73.9 mAh g^{-1}（重量エネルギー密度；273.3 Wh kg^{-1}）、容量 3400 mAh、電圧 4.2 V～2.65 V（標準電圧 3.7 V）、出力 Max-OutPut/6.2 A（2 C 出力）」と表記されており、私たちの計測でも表記どおりの特性が得られています。LIB に代表されるリチウムイオンの rocking-chair 型のトポケミカル反応[*]に基づく蓄電池では、正極および負極の活物質にホスト格子の存在が

3

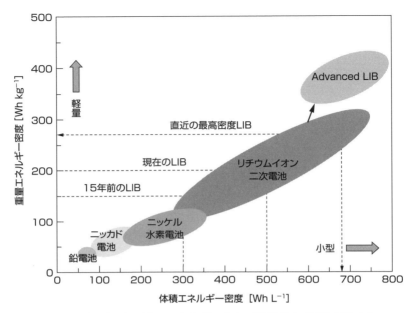

図 1.2 各種二次電池のエネルギー密度（体積および重量当たり）

最新商品の 18650 型 LIB では 3400 mAh で重量エネルギー密度が 273.3 Wh kg^{-1} のものが市販（2018 年 5 月）

必須であることから、そのエネルギー密度は限られ、300 Wh kg^{-1} 程度が限界と考えられてきました。現状では、すでにその限界値の 90 % を満たす電池が市販されていることになります。

電池全体のエネルギー密度の飛躍的な向上を図るためには、電池の容量を大きくする方向と起電力を高くする方向とがあり、容量の大きい新しい正極および負極材料を開発するか、起電力の高い正極材料を開発するかです。4 V 近い高電圧の LIB はすでに商品化されていますが、それ以上の高い起電力を求めるには電解質の分解に関する解決すべき課題があります。安全性の点からもこれ

＊）トポケミカル反応（Topochemical Reaction）：結晶構造の基本骨格を保ちつつ一部の原子を置換、挿入、脱離させる反応で、層状化合物へのインターカレーション反応などを示します。Kohlschutter により 1918 年にトポケミカル反応と名づけられました[1]。

図 1.3　車載用 18650 型 LIB の解体写真
正極、セパレータ、および負極がロール状に巻かれて収納されている

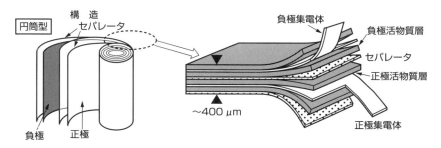

図 1.4　円筒型電池内でロール状に巻かれる各部材の配置[2)]
両極集電体の表裏に活物質がある状態での電極厚みを表す

　以上の高電圧化には困難がともないます。高容量化には多電子移動反応をともなう金属・金属化合物を正極に用いる方向がありますが、ホスト格子が安定に存在しないために、充放電のサイクル特性が悪いなど、いまなお課題が多く、その実現には時間がかかると推定されます。
　LIB の安全性については、何度か発熱・発火事故が相次いだことから、構成材料、電池構造、製造工程などの見直しが行われています。自動車への適用では、低価格化も重要となっています。本章では、LIB の原理を解説しながら、開発競争が活発に行われている将来が有望ないくつかの汎用電極材料のレドックス反応を紹介し、その特長と今後も検討すべき研究課題を概観します。

1.2 動作反応メカニズム

まずは、LIB の電池反応を解説します。現在汎用されているリチウムイオン電池の名称は、ソニーによって名付けられました。1991 年に同社から商品化された LIB は、リチウムイオン（Li^+）の負極と正極との間の移動反応を基礎とした蓄電池であります（図 1.5）。ここでは黒鉛（C_6）とコバルト酸リチウム（$LiCoO_2$）をそれぞれ負極と正極に用いた電池で、その動作原理の主反応を表します。右方向が充電反応で、金属酸リチウムを正極にし炭素材料を負極に用いた場合の例です。

（負極）$C_6 + xLi^+ + xe^- \leftrightarrow Li_xC_6$

（正極）$LiMO_2 \leftrightarrow Li_{1-x}MO_2 + xLi^+ + xe^-$

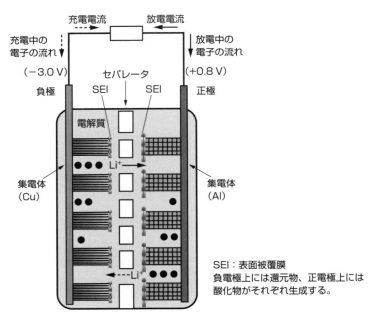

図 1.5　リチウムイオン二次電池の動作原理と構成部材

（全体）$LiMO_2 + C_6 \leftrightarrow Li_{1-x}MO_2 + Li_xC_6$

放電反応はその逆の左方向の反応となります。ここでは、充電反応では正極 $LiMO_2$ の Li^+ を $1/2$ だけ脱離させると仮定しています。この反応において、正極は Li^+ の脱離反応であり負極は Li^+ の挿入反応となり、正極負極の反応がともにトポケミカル反応となっています。電解液は Li^+ のイオン伝導の場になっているにすぎず、反応に直接には関与していません。ただし、電極でのトポケミカル反応は本当に単純な Li^+ の挿入・脱離反応ではなく、一般に電池反応が起こるためには、活物質のホスト格子が変化しなければなりません。

$LiCoO_2$ 正極で考えると、これから Li^+ が脱離しコバルトの価数が高くなることから、Co–O の結合距離の変化を生じることになります。ここで、固体結晶である $LiCoO_2$ の Co–O の結合距離が局所でだけ変化するのか、この相変化がどのように進行するのかは未知であります。また、黒鉛負極での Li^+ の挿入・脱離反応でも同じように、LiC_6 状態（C_6–Li–C_6）および C_6 状態（C_6–C_6）での上下層の C_6 と C_6 との相関距離は変化することが知られていますが、この相変化がどのように進行するのか、その動的挙動の詳細は明らかになっていません。

コバルト酸リチウム正極の電池反応はコバルトの酸化状態の平均価数が $+3.0$ と $+3.5$ との間の酸化還元反応（レドックス反応と呼ばれます）で進行すると解釈され、この反応にともなう Li^+ の挿入・脱離は、反応活性点近傍での電気的中性状態を作り出すために生じると理解されています。このコバルトの一部をニッケルやマンガンで置き換えた材料 $Li_{1+x}(Ni, Co, Mn)_1O_2$ の三元系金属酸化物の場合には、各金属の酸化状態はバラバラで、かつ酸素の酸化状態の価数（通常は -2 と考えます）も充電時の状態で変化すると考えられています。

汎用 LIB の正極であるリン酸鉄リチウム（$LiFePO_4$）の場合には、鉄の酸化状態の価数が $+2.0$ と $+3.0$ との間の 1 電子移動反応であり、かつ二相分離過程を含むメカニズムでレドックス反応が進行します（**図 1.6**）。

上記のように電極のトポケミカル反応は、固体活性点の電子移動反応であることから、溶存化学種の電子移動反応とは異なることが明らかですが、その取扱いに関する詳細は明らかになっていません。この現象と関わると考えられますが、LIB の出力電位は、電池反応が固体反応であるときに特有のヒステリシ

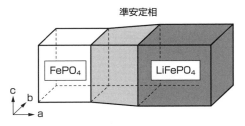

図 1.6 リン酸鉄リチウム正極内での LiFePO₄（Li-rich）相と FePO₄（Li-poor）相との二相の境界の模式図

ここでは、二相の格子体積差の緩和を担う中間的な組成を持つ準安定相（Li$_x$FePO₄）があり、充放電反応が起こると推定されている[3),4)]

ス現象、すなわち、充電状態（State of Charge, SOC）が同一状態でも充電と放電遂行後の制御方向により、LIB のセル 1 個当たりについて数十ミリボルト（mV）の電位差が生じることがわかっています。このヒステリシス現象に関しては、未知の部分が多いので、後述します。

1.3　エネルギー密度

図 1.2 に示した電池特性を表す基本である理論容量およびエネルギー密度の計算方法について解説します。この計算ではファラデーの法則だけを知っていればよいことになります。リチウムは、最も大きな負の酸化還元電位値（−3.0 V）を持ち、最も軽い金属（原子量 6.94 g）のため、二次電池の負極材料として有望です。リチウムを 1 mol 反応させるにはファラデー定数から 96485 クーロンが必要です。1 A の電流によって 1 秒間に運ばれる電気量が 1 クーロンです。ここでは、リチウムは 3861 Ah kg^{-1} の理論容量密度になることを説明します（**図 1.7**）。リチウム 1 mol は 6.94 g であり、これを全部リチウムイオンにすると 96485 クーロンが取り出せます。リチウム 1 kg から取り出せる重量エネルギー密度の計算では、まず、1 kg を 6.94 g で割って、1 kg のリチウム金属が何モルなのかを計算します。そして 96485 をかけます。3600 秒、すなわち 1 時間（h）

$$96485\,C\,mol^{-1} \longleftrightarrow 1\,mol\,(リチウム\,6.94\,g)$$

$$1\,C\,s^{-1} \longleftrightarrow 1\,A$$

$$\frac{96485\,C}{3600\,s\,(1\,h)} \times \frac{1000}{6.94} = 3861\,Ah\,kg^{-1}$$

$$E^{0}{}_{Li^{0/+}} = -3.0\,V\,vs.\,SHE$$

図 1.7　理論容量の計算法（金属リチウム負極の場合）

で割ると、容量密度を Ah（1 kg 当たり）で表現する 3861 という値が出てきます。

　同様に、正極についてのコバルト酸リチウムでは分子量 98 g で、1 分子当たり 0.5 個の電子を出し入れできますので、137 Ah kg^{-1} の理論容量となります。さらに、この値に出力電位の 3.7V をかけると 507 mh kg^{-1} がエネルギー密度になります。実際の電極では、活物質を固定するためのバインダーの重さ、電子伝導性補助剤のカーボンの重さも考慮に入れる必要があり、電池全体の容量では、電解液、パッケージ、集電体、セパレータなどの重さも考慮が必要です。例えば、出力電圧 3.8 V で 300 Wh kg^{-1} の電池を作ろうとしたときに、どのぐらいのエネルギー密度を出力できる材料を開発しなければいけないかというような推定ができます。

1.4　熱力学

1.4.1　酸化還元電位およびネルンスト式

　酸化還元電位（Redox potential もしくは Oxidation–reduction potential）とは、ある酸化還元反応系における電子のやり取りの際に発生する電位（正しくは電極電位）のことです。規定する条件下において、反応にあずかる物質の電子の放出しやすさ、または受け取りやすさを定量的に示す尺度となります。具体的には、酸化させる力（酸化体の活量）と還元させる力（還元体の活量）と

第 1 章　電池反応の原理

の差を電位差で表したもので、ネルンスト式によって導き出すことができます。
一般的な電極反応が関わる電気化学の基礎理論の解説は、専門書（例えば、著
者らの「電気化学法　基礎測定マニュアル」[5]）を参照していただきたいところ
ですが、ここでは電池反応の理解に必要な項目のみについて解説します。

　参照電極に対して計測した酸化還元活性電極の電位を電極電位 E と称し、電
気化学的平衡状態にある電極の電位（電流＝0）を平衡電位 E^e と称します。こ
の電位は、熱力学的ギブス自由エネルギー差 ΔG と次式で関連づけられます。

$$\Delta G = -nFE^e \tag{1.1}$$

ここで、n は酸化還元反応で授受される電子数、F はファラデー定数（96485
C mol^{-1}）を表します。

　一般的な酸化還元体が関わる電極反応系（Ox/Red）[*] を次式で表します。

$$\mathrm{Ox} + ne^- \leftrightarrow \mathrm{Red} \tag{1.2}$$

式（1.2）の電極反応に関与する酸化体と還元体の化学ポテンシャル μ [**] は、
各々の化学種に対して式（1.3）および（1.4）で表すことができます。ここで
[C] は濃度を表します。

$$\mu_{\mathrm{Ox}} = \mu_{\mathrm{Ox}}{}^0 + RT\ln[\mathrm{C_{Ox}}] \tag{1.3}$$

$$\mu_{\mathrm{Red}} = \mu_{\mathrm{Red}}{}^0 + RT\ln[\mathrm{C_{Red}}] \tag{1.4}$$

　式（1.2）で表される電極反応のギブスエネルギー変化は、生成物と反応物の
化学ポテンシャルとの差として表されることから、次式となります。

$$\Delta G = (\mu_{\mathrm{Ox}} - \mu_{\mathrm{Red}}) = (\mu_{\mathrm{Ox}}{}^0 - \mu_{\mathrm{Red}}{}^0) + RT\ln([\mathrm{C_{Ox}}]/[\mathrm{C_{Red}}]) \tag{1.5}$$

ここで、$(\mu_{\mathrm{Ox}}{}^0 - \mu_{\mathrm{Red}}{}^0)$ 項は、反応物と生成物の標準状態でのギブスエネルギー
の差（ΔG^0）であり、式（1.1）により反応式（1.2）の標準酸化還元電位（標準
電極電位とも呼ばれ E^0 で表記）[***] で表されます。

　上記の式（1.1）および式（1.5）により、各種の電極反応（式（1.2））の電極

---

[*]　式（1.2）の Ox および Red は、それぞれ酸化体（Oxidant）と還元体（Reductant）の略称を表し
ます。

[**]　化学ポテンシャル：理想的な混合物の成分 i の化学ポテンシャルはモル分率を x_i とおくと、$\mu_i = \mu_i^0 + RT\ln(x_i)$ のように表現できます。ここで、μ_i^0 は純粋な成分 i の標準状態での化学ポテンシャルで
あり、標準化学ポテンシャルと呼ばれます。ただし、実在溶液などの分子間相互作用を無視できない
系では、モル分率ではなく活量を用いて補正を行います。

電位は、ネルンスト式と呼ばれる次式で表されます。

$$E = E^0 - (RT/nF)\ln([C_{Ox}]/[C_{Red}]) \tag{1.6}$$

このことから、式（1.2）の反応で実測される電極電位は、標準電極電位と各化学種濃度で変化します。ただし、実測した電極電位と濃度を用いて得た E^0 は、標準電極電位とは言わず、式量電位といい、実用的な電池起電力の計算などに用いられます。なぜなら、実測した電極電位値には、熱力学的な理想系とは異なり、いくつかの考慮すべき因子が含まれるためです。

1.4.2　電池の出力電位

　電池の出力電位について考えてみましょう。下記のような電池図のダニエル電池を例として解説します。

$$\ominus | Zn | Zn^{2+}（水溶液）|| Cu^{2+}（水溶液）| Cu | \oplus$$

1836年にダニエルが提案したダニエル電池は、正極側の電極に銅板、電解液に硫酸銅水溶液を使用し、負極側の電極に亜鉛板、電解液に硫酸亜鉛水溶液を使用し、正極側と負極側の電解液は素焼きの容器で仕切られた構造をしています。それぞれの電極板上での反応式は以下の通りです。

$$正極：Cu^{2+} + 2e^- \rightarrow Cu \tag{1.7}$$

$$負極：Zn \rightarrow Zn^{2+} + 2e^- \tag{1.8}$$

上記の反応に対する平衡状態（電流 $=0$）での式量電位は、それぞれ $+0.337\,V$ および $-0.763\,V$ です。すなわち、式（1.2）で表される異なる2つの反応系の組み合せと考えることができます。よって、出力電位（起電力）は、両電極の電位差となり $1.100\,V$ となります。電池の全体反応は次式で表され、$\Delta G < 0$ となります。

$$Zn + Cu^{2+} \rightarrow Zn^{2+} + Cu \tag{1.9}$$

この電池の負極では、亜鉛が電解液中にイオンとなって溶け出す際に電子を放

＊＊＊）標準電極電位は、反応系により±のボルト単位（V）で表記されますが、これは水素と水素イオン間の酸化還元反応（$2H^+ + 2e^- \leftrightarrow H_2$）の標準状態でのギブスエネルギーはゼロ（0）と定義されるので、その標準電極電位は $0\,V$ となるためです。

第 1 章　電池反応の原理

出します。この電子が導線を通して銅板正極へ流れ、銅板上で電解液中の銅イオンと結合し銅金属となり極板上に析出することで電流が発生します*)。このとき酸化反応が起こる Zn 極がアノード（－極）となり、還元反応が起こる Cu 極（＋極）がカソードとなります**)。出力電位と関係する式（1.6）のネルンスト式では、反応に関わる両電極自身は固体であることから、活量は 1 とみなします。

　LIB の出力電位に関しては、正極と負極の反応がともにトポケミカル反応であることから、上記の電池の出力電位についての熱力学的な考え方をさらに進化させなければならず、そのキーポイントとなる概念を後述します。

1.4.3　擬似等価回路

　電極と溶液電解質（固体電解質の場合も含む）の界面には、電極側で金属イオンと自由電子、および電解質イオンによりいわゆる電気二重層（Electrical double layer）が形成され、電極反応はこの界面を通して電流が流れる、すなわち荷電粒子（電子またはイオン）がこの界面を通過して進行します。したがって、外部電位の印加により電極上で反応種が酸化還元反応を起こすときには、電子（電荷）が有限の速さで移動反応し、またイオン種の拡散移動が起こります。ここで、電極反応速度の逆数は抵抗成分とみなすことができ、また電荷の移動速度もその逆数は抵抗成分とみなすことができるので、電極反応速度の大小は抵抗成分の大きさで評価が可能です。さらに、電気二重層の容量は、キャパシタ成分で表すことができることから、ここで起こっている反応をランドルス型等価回路と呼ぶ擬似等価回路で表現することができると考えられます（**図 1.8**）。同じように、電池を構成する正極および負極でもそれぞれの活物質層内で酸化還元反応が起こることから、類似の擬似等価回路で表現することができると推定され、この回路構成パラメータ値の推定は、電池特性や構成材料の特

＊）電子の流れる方向の逆方向が電流の流れる方向と定義されます。
＊＊）注目する動作電極上での電極反応が酸化反応か還元反応かで、それぞれアノードおよびカソードと称されます。

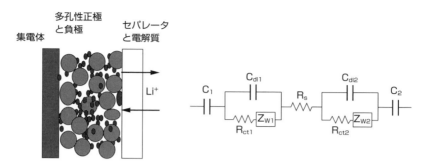

図1.8 一般的な溶存化学種の電極反応と電池反応に関する擬似等価回路での表現
R_s：電解液とセパレータの抵抗、R_{ct}：界面電荷移動抵抗、C_{dl}：電気二重層のキャパシタンス

性を詳しく知る上で有用であります。

1.4.4 熱挙動

起電力測定から熱力学データ、すなわちギブスエネルギーΔG、エンタルピーΔH、およびエントロピーΔSを求めることができることは知られています。標準ギブスエネルギーΔG^0は、標準電極電位E^0を式(1.1)に代入すると得られます。また、可逆電池が定温定圧の条件下で理想的に動作して最大のエネルギーが取り出される場合には、電池から放出される熱量は$-T\Delta S$となります（式(1.10)）。この項は、電池反応熱と呼ばれq_rで表すことができます（式(1.11)）。

$$\Delta G - \Delta H = -T\Delta S \tag{1.10}$$

$$q_r = -T\Delta S = T\left(\frac{\partial \Delta G}{\partial T}\right)_p = -nFT\left(\frac{\partial E_{OCV}}{\partial T}\right)_p \tag{1.11}$$

電流がゼロになるときの電圧の極限状態の値を起電力E_{emf}（または開放電圧E_{OCV}）と称するので、q_rの値はこの起電力の温度係数から求めることができます。

つぎに、電池電圧を起電力値より過電圧η（$=E-E_{OCV}$）の値にずらした場合、電圧の分極によりある大きさの電流が流れます。ここで、電池は電圧Eで

作動していると、この電池から放出される電気エネルギーW_eは、式 (1.12) となります。

$$W_e = nFE \tag{1.12}$$

電池から放出される熱量 q_t は、

$$\begin{aligned} q_t &= -\Delta H - W_e = -\Delta H - nFE \\ &= -\Delta G - T\Delta S - nFE = q_r + nF(E_{OCV} - E) \end{aligned} \tag{1.13}$$

となり、$nF(E_{OCV} - E)$ の項は分極発熱と呼ばれ、q_p で表すことができます（式(1.14)）。

$$q_p = nF(E_{OCV} - E) \tag{1.14}$$

よって、内部抵抗や副反応に関する熱発生が無視できる条件下で、電池を定電流 I で充放電したときに単位時間当たりに発生する熱量 Q は、温度や電圧を変数として次式で表されます。

$$Q = IT\left(\frac{\partial E_{OCV}}{\partial T}\right)_p + I(E - E_{OCV}) = Q_r + Q_p \tag{1.15}$$

ここで、電流 I は充電時と放電時でそれぞれ正と負とします。Q_r は電池反応の

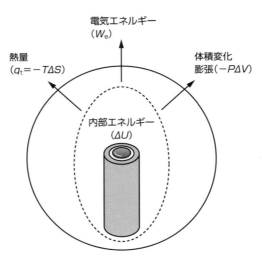

図 1.9　理想状態下で作動する可逆電池から放出される熱量
温度と反応エントロピー変化の積であり、電池反応熱と呼びます

エントロピー変化に起因する熱（電池反応熱）、Q_p は電気化学的分極に起因する熱（分極発熱）であり、T は温度、E_{OCV} は開放電圧（または起電力）、E は端子間電圧です。

　一般には、電池反応熱と分極発熱の要因による熱以外に、電池内部やリード線を電子が流れるときのジュール熱や、副反応あるいは自己放電に起因する熱など（Q_o）を考慮する必要があります。電池反応熱は充電時と放電時では　熱の出入りの向きが逆になりますが、分極発熱は充放電ともに発熱であり、したがって Q_o が無視できるほど小さい場合、充放電で可逆性の良好な電池では 1 サイクルでのエネルギー損失は分極発熱に相当すると考えられます。また、電池反応熱には、反応のエントロピー変化が関与しており、電池の充電状態に応じて活物質の結晶構造変化やステージ構造変化を反映しながら複雑に変化することがわかっています。また、難黒鉛化性炭素では複数の反応サイトを有し、リチウムがサイト間を移動することによって、充放電電圧にヒステリシスをもたらしながら複雑な発熱挙動を示します。

　電池反応全体の熱特性には、電池構成要素である負極、正極、および電解質の熱特性が反映されるために、各要素のできるだけ詳しい特性の把握が重要となります。また、電池内部では動作時にはイオンおよび電子（電荷）が有限の速さで移動し、かつ、活物質層内で酸化還元反応が起こるために、これらの化学的および物理的な反応プロセスは温度依存性を持つことになり、その温度依存性の挙動に関する情報は反応系を詳しく理解する上で重要なパラメータであります。よって、電池特性の把握には熱力学的および速度論的観点からの把握が必要であり、全電池反応に関わる各反応プロセスの温度依存性を把握することが求められています。

　電気自動車（EV）やハイブリッド電気自動車（HEV）の電源に使用されている LIB の熱力学的実験の結果では、充電時と放電時の熱収支はそれぞれ異なり、熱関係因子として電池反応熱、分極熱、ジュール熱の 3 種類を考慮すべきであることが提唱されています[6]。

1.5 電極反応モデル

　一般的に観察される充放電特性の曲線は、定電流電解時における時間−電位曲線であります。LIBの作動は、**図1.10**に示したように、正極および負極の電極活物質固相層内へのリチウムイオンの挿入と層からの放出により起こります。この活物質層内のレドックス化学種の濃度変化は電位変化として応答します[*]。電気化学の分野では、定電流によって誘起された反応で観察される時間と電位との関係曲線をクロノポテンショグラム（CP）と呼びますが、電池では充放電曲線と呼ばれ、電池の作動特性を示す基本曲線であります。ただし、電池の活物質のレドックス反応は、溶液内の溶存化学種とは異なるため、溶存化学種の電極界面での電極反応のような、単純なネルンスト式やバトラー・ボルマー式[5]を使って説明や解釈をすることはできません。なぜなら、レドックス反応に関与している活物質は固相反応であり、かつ活物質中心は反応層内で近接周囲の静電的相互作用などの影響を受けている状況下にあるためです[7)-9)]。

　また、電極反応に付随して起こる電極活物質の固相内へのリチウムイオンの挿入と放出に関わる移動過程は、溶存化学種の電極反応の際に誘起される均一

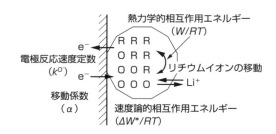

図1.10　レドックス活性物質層の電極反応に関わる各種パラメータ

各相互作用のエネルギーは $\Xi = W/RT$ および $\Delta\Xi^* = \Delta W^{\ddagger}/RT$ で表されることもあります

---

[*]　式（1.2）の Ox および Red は、ここでは O および R の略称で表します。

1.5　電極反応モデル

な拡散過程や泳動過程とは異なっています。さらに、電池反応が固体反応であることで誘起される特有の電位ヒステリシス現象の影響を考慮しなければなりません。LIBの場合は、観測される出力電圧には、同一の充電状態（SOC）でも充電時あるいは放電時の電位の違いにより、少なくともセル1個当たり数十ミリボルトの差がある2つの出力電圧値が存在することに注意する必要があります。

1.5.1　固相レドックス反応による電位応答

本項では、LIBの電極活物質のレドックス反応に基づく電気化学応答、すなわち充放電曲線およびその微分曲線（サイクリックボルタモグラム（CV）応答に相当する）の応答の解釈を記載します。電極活物質層の厚さが極めて薄く、かつ計測の時間窓が長い実験条件下にある測定、すなわちリチウムイオンの挿入や放出に関わる移動過程を無視できる条件下にある、格子-ガスモデルに基づき、格子内に挿入されたリチウムイオン間相互作用および二相共存反応（例えば、活性種のOおよびR間の反応）の存在を考慮しています[7]。

このような、レドックス活性層内でレドックス反応による相転位現象がなく、電極反応も速く、リチウムイオンの拡散の影響もない条件下の反応で、イオン間の相互作用（平均場近似されたもの）のみが存在すると、相当する物質の固相レドックス反応に対するセル電圧 E は式（1.16）で表すことができます[8]。

$$E = E^{0'} + (RT/nF)\ln(\chi_O/\chi_R) - (RT/nF)\Xi(\chi_O - \chi_R) \tag{1.16}$$

ここでは、χ は固相マトリックス中でのリチウムイオンの含有率です。式（1.16）は右辺の第3項を除くとネルンスト式に類似していますが、同一式ではありません。また、$E^{0'}$ もレドックス活性点が不溶性の固体であることから、標準酸化還元電位ではなく、$\chi_O = \chi_R = 1/2$ の分率であるときの平衡電位値であり、条件付電位と呼ばれています。

式（1.16）を用いれば、活性層内で生じる引力・斥力の相互作用（Ξ）（$\Xi = W/RT$、W の単位は kJ mol^{-1}）を定量的に評価することができます。**図1.11**は式（1.16）から得られるシミュレーション解析による充放電曲線であり、図

17

第1章 電池反応の原理

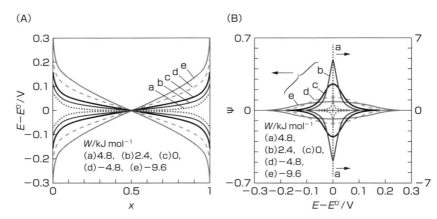

図 1.11 式（1.16）を用いたシミュレーション解析による電極活物質の充放電曲線(A)およびその微分曲線（サイクリックボルタモグラム）(B)

1.11B はその微分曲線（縦軸は正規化された電流値であるサイクリックボルタモグラム（CV））です。ここでは、相互作用の値（正の値は引力、負の値は斥力）が変化したときに得られる理論的充放電曲線を示します。レドックス活性点間の作用が斥力の場合には、半値幅[*]はその斥力の大きさが増すにつれて増大し、台地のような形の応答になります。また、引力が作用する場合には、半値幅はその引力の大きさが増すにつれて減少し、シャープな形の応答が得られます。活性点間に相互作用がない場合には、$E^{0'}$ を最大電流値とした"つり鐘状"の CV 応答が得られ、この CV の半値幅（$\Delta E_{p,1/2}$）は、90.6 mV となります。

1.5.2　固体活物質のサイクリックボルタモグラム（CV）

次に、この電極の CV 応答を調べてみることにします。まず、電極に印加する電位を速度 v で掃引すると、電流応答（I）は式（1.17）で表すことができます。

---

[*] 半値幅：ピーク電流値の半分となる電流値を示す 2 つの電位値の差です。

1.5 電極反応モデル

$$I = \frac{dQ(E)}{dt} = \frac{dQ(E)}{dE}\frac{dE}{dt} = Q_0 v \frac{d\chi}{dE} \tag{1.17}$$

式（1.16）および（1.17）の理論式は、図 1.10 のようなインターカレーション物質粒子層のレドックス応答に関する W. R. Mckinnon[7] の格子-ガスモデルから導かれた式ですが、これらの式は、電極表面に吸着ないし固定されたレドックス活性種の応答に関する Laviron[9] モデル（レドックス活性点間の相互作用が考慮されています）に基づく理論式と全く同じであることがわかりました。すなわち、CV の酸化ピークおよび還元ピーク電位値の測定から、固-固相転移の有無がわかり、またその半値幅の大きさから引力・斥力相互作用（Ξ）の定量的評価ができます（**図 1.12**）[10]。ここで、解析に必要な CV 応答上での各種パラメータを**図 1.13**、および式の中で使用された記号の意味を表わす一覧を**表 1.1** に示します。

$$\Delta E_{p,1/2} = (2RT/nF)[\ln\{(1+p)/(1-p)\} - \Xi_p] \tag{1.18}$$
$$p = \{(2-\Xi)/(4-\Xi)\}^{1/2} \tag{1.19}$$

ただし、実際の汎用電池の電極を用いたレドックス反応での CV 応答は、より複雑であり、電極反応速度およびリチウムイオンの拡散過程をも反映します。

解析を単純化するために、次に拡散過程を無視できる条件下で、すなわち表面波のレドックス応答挙動で電極反応速度を考慮しなければならない場合について解説します。速度の解析には、Laviron[9] の拡張式である H. Matsuda ら[8] の CV に対する理論的取扱の一般式を適用することができます。解析の詳細は、

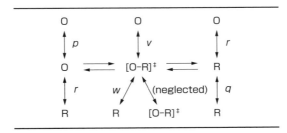

図 1.12　静的および動的状態下にある酸化活性点 O、還元 R、および反応中間体 [O-R] の間の相互作用様式
$\Xi = W/RT = p + q - 2r$ および $\Delta \Xi^* = \Delta W^\ddagger / RT = (2w-p) - (2v-q)$

第 1 章　電池反応の原理

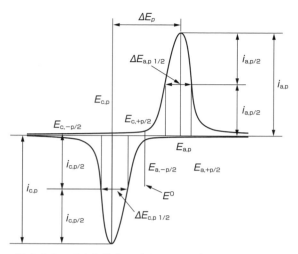

図 1.13　CV 応答上の略記号および各種パラメータ

原著論文を参照してください。

$$\Psi = \pm \frac{d\chi_O}{d\xi} = \mp \frac{d\chi_R}{d\xi}$$

$$= \Lambda \left[(2\chi_R) \exp\left[\alpha_a \zeta + \left[\frac{\Xi + \Delta\Xi^*}{2} (\chi_O - \chi_R) \right] \right.\right.$$

$$\left.\left. - (2\chi_O) \exp\left[-\alpha_c \zeta - \frac{\Xi - \Delta\Xi^*}{2} (\chi_O - \chi_R) \right] \right] \right] \quad (1.20)$$

表 1.1　本文および式の中で使用された記号の一覧

$\Delta E_{p,1/2}$	半値幅	half-height width
E_L^0	表面の標準電位	surface standard potential
$E^{0'}$	条件付き平衡電位	conditional potential
O	酸化活性点	oxidized site
R	還元活性点	reduced site
Γ_T	酸化および還元活性点の総和表面濃度	superficial concentration of the sum of O and R
θ_T	被覆率	coverage defined by $\theta_T = \Gamma_T/\Gamma_m$

1.5 電極反応モデル

Γ_m	最大表面濃度	the maximum superficial concentration
χ^R	還元活性点の表面モル分率	surface mole fraction of R
χ^O	酸化活性点の表面モル分率	surface mole fraction of O
k_s	速度定数	rate constant
α_a	アノード移動係数	anodic transfer coefficient
α_c	カソード移動係数	cathodic transfer coefficient
$k^{0'}$	表面レドックス電極反応の式量速度定数	formal rate constant for surface redox–electrode reaction
ζ	無次元化電極電位	dimensionless electrode potential defined by $\zeta = (nF/RT)(E-E^{0'})$
W	"熱力学的" 相互作用エネルギー	interaction energy related to the equilibrium potential
W/RT		the same as the parameter vG used by Laviron[9]
$\Delta W^{\ddagger}$	"速度論的" 相互作用エネルギー	interaction energy related to the kinetics of the electrode processes
Ξ	可逆的電極反応の電極電位に影響する相互作用パラメータ	interaction parameter affecting the electrode potential for a reversible electrode reaction: $(W/RT)\theta_T$
$\Delta\Xi^{\ddagger}$	電極反応の速度論に関係する相互作用パラメータ	interaction parameter related to the kinetics of the electrode processes: $(\Delta W^{\ddagger}/RT)\theta_T$
p	相互作用パラメータ	interaction parameter used by Laviron[9]
r	相互作用パラメータ	interaction parameter used by Laviron[9]
v	相互作用パラメータ	interaction parameter used by Laviron[9]
w	相互作用パラメータ	interaction parameter used by Laviron[9]
E	印加電圧	applied potential
v	電位掃引速度	potential sweep rate
Ψ	無次元化電流関数	dimensionless current function: $i/(n^2F^2vA\Gamma_T/RT)$
Λ	無次元化速度論的パラメータ	dimensionless kinetic parameter: $k^{0'}/(nFv/RT)$
Ψ_a	アノードの無次元化電流関数	anodic current function, dimensionless
Ψ_c	カソードの無次元化電流関数	cathodic current function, dimensionless
i_a	アノード電流	anodic current
i_c	カソード電流	cathodic current
$\Psi_{a,p}$	無次元化アノードピーク電流	anodic peak current, dimensionless
$\Psi_{c,p}$	無次元化カソードピーク電流	cathodic peak current, dimensionless

第 1 章　電池反応の原理

　ここで、Ψ は無次元化電流関数、ζ は無次元化電極電位、Λ は無次元化速度論的パラメータです。また、W は酸化活性点（O）と還元活性点（R）との間に働く"熱力学的"相互作用エネルギー（kJ mol^{-1}）（正のとき引力、負のとき斥力）、ΔW^* は反応中間体（[O-R]*）と酸化活性点や還元活性点との間に働く"速度論的"相互作用エネルギー（kJ mol^{-1}）（正のとき引力、負のとき斥力）です。詳細については、参考文献などを参照してください[8]。式（1.20）から得られる CV は、左右非対称なピークプロファイルを持っています。

　測定系の実例としては、ここでは、充放電時の膨張収縮がほとんどないゼロ・ストレインの活性物質である $Li_4Ti_5O_{12}$（LTO）材料からなる薄膜電極を用いた図 1.14 の例を取り上げ、下記に解説します[11]。

　LTO 薄膜を被覆した電極では 1.57 V（vs. Li/Li$^+$）付近に 1 対のレドックス波が現れます。図 1.14 に電位掃引速度が 20 および 0.2 mV s^{-1} のときの CV 応答をそれぞれ示します。ここで、LTO のレドックス反応は式（1.21）です。

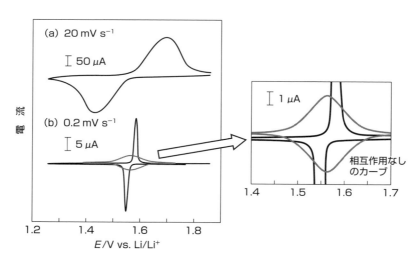

図 1.14　LTO 被覆電極で観察される CV 応答

1.0 M LiPF$_6$ 含有プロピレンカーボネート電解液で電位掃引速度が(a)20 mV s^{-1}、および(b)0.2 mV s^{-1}（活性点間に相互作用がない場合の理論曲線も示す）で観察されたレドックス反応の応答

$$\text{Li}_4\text{Ti}_5\text{O}_{12} + 3\text{Li}^+ + 3e^- \leftrightarrow \text{Li}_3(\text{Li}_4\text{Ti}_5\text{O}_{12}) \tag{1.21}$$

掃引速度（v）を遅くするとピーク電流波形は著しく狭くなることがわかります。CV のレドックス波の半値幅は、相互作用のない場合の 90.6 mV ではなく、アノード掃引で 10.8 mV およびカソード掃引で 9.5 mV に収斂します。それらの収束値を用いて、W. R. McKinnon の格子–ガスモデルおよび Laviron モデルの両方のモデルで解析すると、どちらも 1.62（4.02 kJ mol^{-1}）の引力相互作用がレドックス活性点に存在します。

　一方、掃引速度を増加させると、CV 波に非可逆性が現れ、半値幅（$\Delta E_{\text{a,p }1/2}$ および $\Delta E_{\text{c,p }1/2}$）が増加し、ピーク電位（$E_{\text{a,p}}$ および $E_{\text{c,p}}$）はその掃引方向側にシフトします。ただし、掃引速度が 70 mV s^{-1} 以下の速度範囲では、この電極で観察された CV の電流を積分して得られる電気容量は一定値を示していたことから、この速度範囲で得られる CV の波形に拡散過程の影響がないことがわかっています[11]。したがって、表面波として取り扱うことができますが、活性点間に図1.12で表現されるような相互作用が存在すると考えることができます。そこで、文献[8]の解析式の（7）～（12）を用いて、ピーク電流値 i_{p}、半値幅（$\Delta E_{\text{a,p }1/2}$ および $\Delta E_{\text{c,p }1/2}$）、ピーク電位（$E_{\text{a,p}}$ および $E_{\text{c,p}}$）の掃引速度（v）依存性から、電極反応速度を求めることができます。その結果は、$k^0 = 6.7 \times 10^{-3}$ s^{-1}、および $\alpha = 0.47 \sim 0.48$ でした。また、関連する活性化エネルギーも評価できます[11]。

　実際の厚膜電極では、さらに Li$^+$ の固相内拡散過程に関する物質移動速度の効果がこれらに加わります。反応速度や物質移動速度は一般に温度に依存することから、CV 形状は温度によっても変化します。このように、CV は電極の表面状態と密接な関係を持っていることがわかります。

　一般に、固相反応の CV の挙動は、電流を I（A）、電圧を E（V）、電気量を Q（Ah）、時間を t（s）として式（1.17）のように表現できることをみてきました。

　CV の測定においては、電圧掃引速度 dE/dt（V s^{-1}）は一定値に制御できることから、CV と d$Q(E)$/dE 特性とでは、ピーク高さは異なるがピーク形状は同じとなることがわかります。また、d$Q(E)$/dE 特性の積分値（面積）が、充

電（あるいは放電）された電気量 Q となることは明らかです。電極の有効活物質量が劣化によって減少すると、$dQ(E)/dE$ 特性の面積も減少します。よって、実際的なバッテリーマネジメントシステム（BMS）において、電池内部状態の変化と充放電容量を評価する上では、CV の代わりに $dQ(E)/dE$ 特性に基づく解析が有用であります[12]。

1.5.3　活物質のレドックス反応の固体状態と溶存状態との相違 （イナートゾーン電位の存在）

電極表面上に固定されたレドックス活性物質層ないしポリマー薄膜のボルタンメトリー（CV など）応答は、活性点間に相互作用がないときには溶存種と類似し、有限拡散を考慮した数式的取扱いで理解されています[13]–[15]。しかしながら、固相状態で固定層内のレドックス活性点間に相互作用が存在すると、その CV 応答は、上記の場合とは著しく異なります。電池の活物質層のように、実際の電気化学的デバイスでは、固相内の電気化学反応が利用されることが多いのですが、その CV 応答について世界の研究者の間で十分な解析評価が行われていないのが現状です。ただし、電池の活物質では、その構造体を維持しながら、固相状態のみならず、それを溶存状態にすることはできません。そこで本項では、図 1.15 に示すレドックス活性な有機物でありながら、溶存状態および固相状態の両状態を保持できるテトラチオナフタレン（TTN）物質を例と

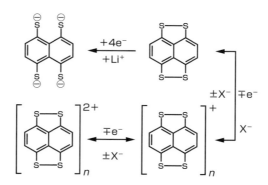

図 1.15　TTN（溶存種および固体種）のレドックス反応

1.5 電極反応モデル

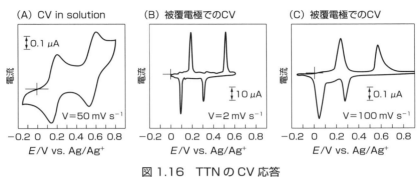

図1.16 TTN の CV 応答

0.2 mM TTN と 1.0 M LiClO₄ とを含むアセトニトリル電解液中で未覆グラッシカーボン（GC）電極を用いて観察される CV 応答、電位の掃引速度は 50 mV s⁻¹（A）。1.0 M LiClO₄ のみを含むアセトニトリル電解液中で TTN 被覆 GC 電極を用いて観察される CV 応答、ただし、電位の掃引速度は 2 mV s⁻¹（B）、100 mV s⁻¹（C）

して取り上げて[10]、対象物質の固体状態での電気化学的応答を調べると、何が溶存状態と異なるのかを説明します。

　溶存種の TTN の 0.0〜1.0 V の電位範囲で得られる CV 応答では、カチオン、ジカチオン間のレドックス応答は可逆的に起こり、各々の酸化還元ピーク電位差は掃引速度によらず 59 mV となります（図1.16A）。他方、TTN の固体粒子が金属酸化物粒子[11]と同様に固相状態の CV 応答を示します（図1.16B、C）。この薄膜電極では、レドックス対のピーク電位差は、200 mV 前後となり、イナートゾーン電位（inert zone potential）が存在し、いわゆる固相二相平衡的な CV 応答を示します。さらに、その酸化波および還元波ではピーク電流値の半値幅は、電位掃引速度に依存し、遅い掃引速度では 90 mV より著しく小さくなります。すなわち、レドックス活性点間に著しく引力が作用しています。また、速い掃引速度では半値幅は 90 mV より著しく大きくなり、また各ピーク電位値はシフトしました（カソードでは負側、アノードでは正側へ）。したがって、前述の E. Laviron[9]らの理論式に基づき、活性種間に相互作用が存在する反応系であるとし、その CV 応答について定量的取扱を行うことができることから、同一化学種での固体状態と溶存状態での CV 応答に相違が観察されます。これらの相違は、研究論文として報告されています[10]。

第 1 章 電池反応の原理

1.6 市販リチウムイオン二次電池の電気化学的応答

電池メーカーが製造する LIB は、同一ではなく電池の構成材料、サイズ、外形、容量、出力電圧が異なり、また電池の使用条件と環境により劣化進行の度合い、寿命の長短、安全性の確度も異なります。ユーザーの要求するすべての条件を満たす万能な電池は存在しないため、選定にあたっては電池の仕様や特徴を十分把握して決定することが重要です。

1.6.1 黒鉛負極とリン酸鉄リチウム正極からなる市販電池

ここでは、定置型用 26650 型 LFP 電池（容量は 3000 mAh、定格電位は 3.2 V、負極は黒鉛、正極はリン酸鉄リチウム）について紹介します。図 1.17 に、充放電曲線とその関連微分曲線（CV）を示します。ここでは、未劣化電池と劣化電池（劣化は低温下での充放電サイクルの作動により促進されています）で得られた応答を示します。図 1.17B の応答から、低温劣化電池では 3.4 V 付近

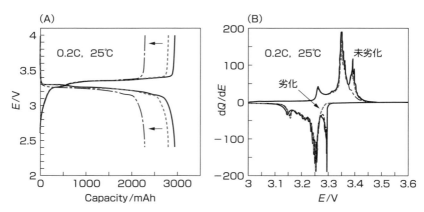

図 1.17 定置型用組電池を構成する 26650 型 LFP 電池（負極は黒鉛、正極はリン酸鉄リチウム）の劣化有無の充放電特性(A)と微分曲線(B)
ここでは低温下でのサイクルによる劣化電池の応答を示しています

の充電時のピーク電流応答、および 3.3 V 付近の放電時のピーク電流応答は、SOH（State of Health）= 0.77 の状態で完全に消滅していて、負極界面で副反応が起こっていると推定できます*)。

1.6.2　活物質粒子のレドックス反応

電池を構成する正極と負極の活物質の電気化学特性を詳しく調べ、図 1.17 で示した市販電池の充放電特性とその微分特性の応答との相関性について検討した結果について紹介します。まず、黒鉛負極とリン酸鉄リチウム正極の評価のために、リチウム箔を対極とし、セパレータ、および 1 M LiPF$_6$ を含む EC（エチレンカーボネート）/DMC（ジメチルカーボネート）（1/2 重量比）電解液からなるラミネーションセルを作製し、基礎評価を行います。

図 1.18 にはリン酸鉄リチウム電極とリチウム箔を対極としたセル（LFP/Li）、図 1.19 には黒鉛電極とリチウム箔を対極としたセル（C$_n$/Li））を用いて測定し

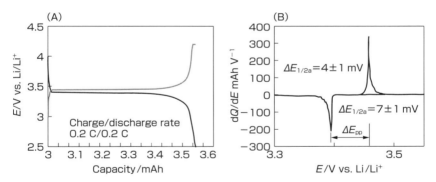

図 1.18　市販の LFP 電池の正極材料を用いた試料セルの充放電特性(A)と微分曲線(B)
　負極にリチウム箔を対極として、正極はリン酸鉄リチウム

---

*) SOH（State of Health、健全度）は、満充電容量／初期充電容量の比を表し、各容量の値は 25 ℃の温度環境下で 0.1 C レートでの充放電特性から計算されます。劣化度とも称します。

第1章 電池反応の原理

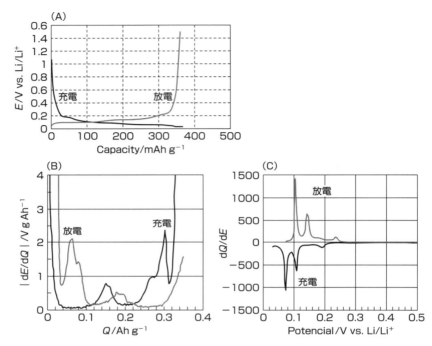

図 1.19 市販のLFP電池の負極材料を用いた試料セルの充放電特性(A)と微分曲線(B)(C)
負極の黒鉛電極に対する対極としてリチウム箔

た、25℃でのレドックス反応の容量に対する電圧応答(充放電特性、Q vs. E)とその微分曲線(dQ/dE vs. E)を示しています。

図 1.20 には、図 1.17 から 1.19 までの充放電曲線から得られた微分曲線(dQ/dE vs. E)をまとめて示し解説します。図 1.20a では、リン酸鉄リチウムの Fe(II/III) レドックス対の応答で二相共存・分離転移を反映して、酸化還元の両過程で鋭い1本のピークが観察されています。このセルの抵抗値は約 60 Ω 程度であることから、その抵抗に起因する電圧降下分を差し引いても、両ピーク電流を示す電位値の差(ピーク電位差)は約 40 mV ありました。この値は、イナートゾーン電位と呼ばれています。その起因について反応機構と関係させて

1.6 市販リチウムイオン二次電池の電気化学的応答

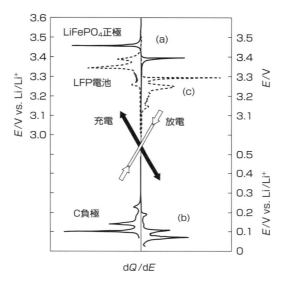

図 1.20 微分曲線（dQ/dE vs. E）のまとめ
(a)LFP/Li、(b)LiC$_x$/Li、(c)C/LFP セル

第3章で議論します。また、それぞれのピークの半値幅は、約 10 mV でした。図 1.20b では、黒鉛層間へのリチウムイオンの脱・挿入過程により鋭い3本のピークが示されています。また、図 1.20c では、図 1.20b の挙動と類似して鋭い3本のピークがそれぞれ充放電過程で観察されています。ここで、充電過程での3本のピークの半値幅は、21.1、13.5、および 17.1 mV です。また、放電過程での3本のピークの半値幅は、2.3、23.9、および 24.7 mV です。上記の固相のボルタモグラムの応答から、関連する熱力学的、および速度論的パラメータを求めることができます。

1.6.3 リチウムイオンの拡散過程と拡散係数および反応層

市販電池の正極および負極の電極層の活物質のレドックス反応で考慮されるべき因子は、①電極反応速度、②熱力学的および速度論的相互作用、③電子伝

第 1 章 電池反応の原理

導性、④イオン伝導性、⑤リチウムイオンの拡散、⑥表面被膜などであります。また、リチウムイオンの拡散過程では、活物質層内での相転移の有無、拡散過程が無限拡散か、有限拡散か、拡散の形態（平面か球形か）も考慮する必要があります。これらの因子は、電極層を構成する各材料、比率、分布など構造体としての幾何学的配置によっても大きく異なります。ここでは、主に拡散過程について解説します。

　正極および負極の活物質層の厚さは、市販電池の場合に図 1.4 に示したように、それぞれがおおよそ 100 μm です。その厚みが適切なものとして選択される理由を解説します。一般に、溶存化学種が電極上でレドックス反応を受けると電解時間により反応種の濃度勾配ができます。この誘起された濃度勾配の厚みは拡散層とよばれ、電極への反応基質の拡散は一次元線形拡散となります。この場合の拡散層の厚さは、反応によって誘起されたことから反応層の厚さを δ として式（1.22）で表すことができます[5]。

$$\delta = (\pi D t)^{1/2} \tag{1.22}$$

ただし、電池の正極および負極の電極層は、図 1.8 に示したように、レドックス反応基質は粒子であり、この粒子のレドックス反応にともなうリチウムイオン放出と挿入は、**図 1.21** に示したように、均一には起こらず、その拡散係数の

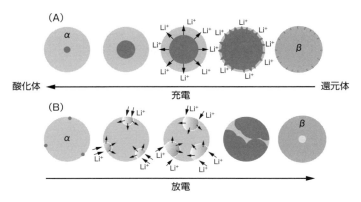

図 1.21　Li$_4$Ti$_5$O$_{12}$（LTO）粒子のレドックス反応にともなうリチウムイオン放出と挿入のスキーム

1.6 市販リチウムイオン二次電池の電気化学的応答

値も粒子の大きさ、形状、表面状態、SOC（充電状態）などの因子により大きく変わることがわかっています[16]。また、この拡散過程が含まれる場合であっても、電解時間と活性層の反応層の厚さとの関係で、有限拡散か半無限拡散かの考慮が必要になります[13]。

ここで、D は拡散係数（$cm^2 s^{-1}$）、および t は電解時間（s）であります。各種の電気化学的測定法で、粒子のレドックス反応にともなうリチウムイオン放出と挿入の拡散係数（D）を評価した場合に、100 μm の厚さの距離をリチウムイオンが拡散するのに要する時間は、$D = 1 \times 10^{-8}$ $cm^2 s^{-1}$ のときには 3.2×10^3 秒であり、約50分となり、充放電電流のレート特性1Cレートの時間帯に相当することがわかります。もし、$D = 1 \times 10^{-10}$ $cm^2 s^{-1}$ のときには100倍の時間が必要になります。

参考文献

1) クリスタリット，日本結晶学会誌，55，260（2013）.

2) 小山昇「リチウムイオン二次電池の化学的原理と越えるべき課題」現代化学，2009年10月号，20（2009）.

3) J. B. Goodenough, Lithium ion batteries, M. Wakihara, O. Yamamoto Ed., Kodansha, Wiley-VCH, 18（1998）.

4) Y. Orikasa, T. Maeda, Y. Koyama, H. Murayama, K. Fukuda, H. Tanida, H. Arai, E. Matsubara, Y. Uchimoto, Z. Ogumi, Direct observation of a metastable crystal phase of Li$_x$FePO$_4$ under electrochemical phase transition, *J. Am. Chem. Soc.*, 135, 5497（2013）.

5) 逢坂哲彌，小山昇，大坂武男「電気化学法 基礎測定マニュアル」講談社サイエンティフィク（1989）.

6) 齋藤喜康，金成克彦，高野清南「リチウム二次電池の熱特性解析」，電池技術，8，129（1996）.

7) W. R. McKinnon, Insertion Electrode I, in "Solid State Electrochemistry", P. G. Bruce Ed., Cambridge University Press, 163（1998）.

8) H. Daifuku, K. Aoki, K. Tokuda, H. Matsuda, Electrode kinetics of surfactant

第 1 章　電池反応の原理

polypyridine osmium and ruthenium complexes confined to tin oxide electrodes in a monomolecular layer by the Langmuir–Blodgett method, *J. Electroanal. Chem. and Interfacial Electrochem.*, 183, 1 (1985).

9) E. Laviron, L. Roullier, General expression of the linear potential sweep voltammogram for a surface redox reaction with interactions between the adsorbed molecules: Applications to modified electrodes, *J. Electroanal. Chem.*, 115, 65 (1980).

10) N. Oyama, S. Yamaguchi, T. Shimomura, Analysis for Voltammetric Responses of Molecular–Solid Tetrathionaphthalene Confined on an Electrode, *Anal. Chem.*, 83, 8429 (2011).

11) N. Oyama, S. Yamaguchi, Evaluation of Thermodynamic and Kinetic Parameters from Voltammetric Responses for Molecular–Solid Li $(Li_{1/3}Ti_{5/3})$ O_4 Particles Confined on Electrode Batteries and Energy Storage, *J. Electrochem. Soc.*, 160, A3206 (2013).

12) S. Torai, M. Nakagomi, S. Yoshitake, S. Yamaguchi, N. Oyama, State–of–health estimation of $LiFePO_4$/graphite batteries based on a model using differential capacity, *J. Power Sources*, 306, 62 (2016).

13) N. Oyama, S. Yamaguchi, Y. Nishiki, K. Tokuda, H. Matsuda, Fred C. Anson, Apparent diffusion coefficients for electroactive anions in coatings of protonated poly (4–vinylpiridine) on graphite electrodes, *J. Electroanal. Chem.*, 139, 371 (1982).

14) N. Oyama, T. Ohsaka, M. Kaneko, K. Sato, H. Matsuda, Electrode Kinetics of the Fe Complexes Confined to Polymer Film on Graphite Surfaces, *J. Am. Chem. Soc.*, 105, 6003 (1983).

15) N. Oyama, T. Ohsaka, "Chapter VIII– Voltammetric Diagnosis of Charge Transport on Polymer Coated Electrodes" Molecular Design of Electrode Surfaces, 333, Vol. 22, Ed., R. Murray, John Wiley & Sons, Inc. (1992).

16) M. Wagemaker, D. R. Simon, E. M. Kelder, J. Schoonman, C. Ringpfeil, U. Haake, D. Lützenkirchen–Hecht, R Frahm, F. M. Mulder, A kinetic two–phase and equilibrium solid solution in spinel $Li_{4+x}Ti_5O_{12}$, *Adv. Mater.*, 18, 3169 (2006).

第2章

電池の構成材料

第2章　電池の構成材料

　リチウムイオン二次電池の構成材料に求められる特性としては、主な用途となる電気自動車を想定すると、①高エネルギー密度化、②軽量化、③薄膜型化、④高速充放電、⑤安全性の向上、⑥低コストなどが挙げられます[1]。以下に、それらの材料について概観します。図2.1には、2013年時点で、高性能LIB出現のために、開発が期待された正極と負極の部材の一例を示します[2]。ここでは、高エネルギー密度化が期待される正極と負極の部材、および高出力電圧が期待される正極が紹介されています。

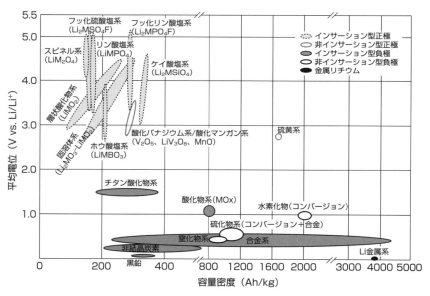

図2.1　NEDO二次電池技術開発ロードマップ2013（Battery RM2013）

2.1　負極材料

　現状で使用されている負極材料には、黒鉛、非黒鉛系炭素材料、チタン酸リチウム材料など、カーボン系/酸化物系/金属・合金系の3種類に大別されます[3]。市場の負極は黒鉛系が主で推移していますが、黒鉛には天然系と人造系の2種

2.1 負極材料

類があり、現在の市場では人造黒鉛の主導で引き続き成長を続けています。その他の負極材にポテンシャル増の兆しがありますが、LTO市場は中国電動バス市場の落ち込みなどによりマイナス成長となっています。開発では、低膨張で高効率の高性能Si黒鉛複合系およびSiO$_x$系負極の研究が継続されています。

カーボン系は黒鉛とソフトカーボン（易黒鉛化性炭素）、ハードカーボン（難黒鉛化性炭素）に分別されます。電池の負極材に黒鉛またはソフトカーボンを使用すると放電曲線は平坦となり、ハードカーボンを用いると放電曲線に傾斜がかかるため、結果として黒鉛系の電池よりも早く放電終止電圧に達してしまいます。しかしながら、HVやPHV等の短時間に大電流を充放電する場合の高レート対応には、ハードカーボンの負極材が適しているため、国内の大手電池メーカーも大電流向けのハードカーボンと高容量向けの黒鉛とを複合化した負極を用いたLIBを生産・供給しています。このように、ハードカーボンの市場も推進されています。

カーボン系負極の問題点は、空の状態から充電してリチウムイオンを入れ、次に放電させると充電させただけの容量がすべては出力されないということが初期に起こります。すなわち、最初の充電で、10～30％の不可逆容量が出てしまいます。この不可逆容量は、化学反応に使われてガスの発生と関連しているため、ガス抜きをしてからパッケージしなければいけないことになります。

次に、いくつかのカーボン系以外の負極材料について記載します。まず、チタン酸リチウム（Li$_4$Ti$_5$O$_{12}$、LTO）について解説しましょう。一般的な黒鉛化性炭素では充放電による膨張収縮による変化率は12％ですが、LTO負極は（難黒鉛化性炭素と同じように）充電放電による膨張収縮（変化率は0.2％）が少ないためにサイクル性に優れています。この出力電位が－1.57V（vs. SHE）で理論容量が175 mAh g^{-1}ですが、リチウムイオンをスムーズに出し入れできる化学的構造を持つ物質であるため、繰り返し特性がよく安全性が高い電極となります。このことから、自動車用電池の負極として有効であるとし、これを用いたLIBが上市されました。LTOに比べて約2倍の重さあたりの容量を持つチタンニオブ酸化物（TiNb$_2$O$_7$）の新しい材料開発も進んでいます[4]。

近い将来に販売される可能性の高い材料の一例として、シリコン（Si）を主

35

第2章 電池の構成材料

成分とした負極材料を挙げることができます。Si負極の重量当たりのエネルギー密度は4200 mAh g^{-1}で、黒鉛系負極（372 mAh g^{-1}）と比べて高容量であるために、次世代負極材として検討されてきましたが、本格的な実用化には至っていません。なぜなら、リチウム-シリコン合金は充放電時のLiの出し入れにともなう大きな膨張収縮（変化率は312%）を誘起して微粉化するために、十分なサイクル特性が得られていないのです。Siの合金化粒子の形状制御、バインダーの選択などによりその改質が徐々に進んでいることから、この材料系負極の出現は期待したいところです。

　表2.1には、負極対象材料を示します。開発の揺籃期には、リチウム合金系が検討されましたが、やがてソフトカーボンおよびハードカーボンといった炭素系材料が中心となりました。炭素系では、初期の充放電時の不可逆容量を減らす研究、高速充放電が可能なものへの改質が進み実用化に至りました。シリコンは導電性も良く、1000〜2000 mAh g^{-1}までの容量を充放電でき、500回前後の繰り返しが可能になってきました。ここでは、シリコン・カーボンあるいはシリコン系化合物材料（異種金属との複合化）を使うことで、負極特性が改善されてきています。

表2.1　負極材料候補の理論容量と電位

負極材料	理論容量 (mAh g^{-1})	電位 (V vs. Li/Li$^+$)	容量 (mAh g^{-1})	サイクル回数
Li (metallic)	3862	0.0	——	50
LiAl 合金	993	0.36	——	100
LiC$_6$ (graphite)	372	0–0.5	339–372	4000
Soft carbon	600	0–1.5	330–600	500
Hard carbon	300–450	0–1.0	300–450	500
（InLi–Ti）	——	1.0–1.3	——	——
Li$_{4.4}$Si	4200	0.4	1000–2000	500
SiO$_x$, SiO–C	2006	0–1.2	800–1200	500
Li$_{4.4}$Sn	994	0.5	300–800	100
TiNb$_2$O$_7$	387	1.6	350	5000
Li$_4$Ti$_5$O$_{12}$	175	1.5	165	6000

2.2 正極材料

　いまだ、負極に金属リチウムやその合金は使われていませんが、より高い理論容量を持つスズ系の進展も期待されています。これらは、体積あたりで現存黒鉛の3〜4倍ものリチウムイオンを出し入れすることができ、重量あたりの容量で5倍以上のものもあり、有望です。ただし、充放電時に体積が大きく変化するため、繰り返し特性が悪くなってしまいます。Sn系材料では合金化しても300〜800 mAh g^{-1}の特性を示すものもわかってきています。負極の重量エネルギー密度が2倍となる負極を用いると、電池全体の重さで占める負極の割合は半分で済むことになります。

　自動車用電池では、短時間での高速充放電応答が求められ、定常時の数十倍の大電流の出入りや大きな電圧変動が起こることから、この場合には負極界面でリチウムデンドライトが生成析出し、またその溶解が繰り返されます。このことは、特性の劣化、電池のサイクル寿命に大きく影響を与えることから、材料の改良は依然として必要です。また、固体電解質との組み合わせによる負極では、インジウム-リチウム合金系（In-Li、In-Li-Tiなど）は有効であり、固体電解質の進展により合金系が再び注目されてきています。現在、負極にはカーボンにリチウムをインターカレートするものが主に使われていますが、将来はシリコン系などの上市の可能性もあります。

2.2　正極材料

　現在の汎用リチウムイオン電池の主な正極材料は、初期のコバルト酸リチウム（LiCoO$_2$、LCO）に代わり、三元系と呼ばれるニッケル・コバルト・マンガン酸リチウム（Li(Ni-Co-Mn)O$_2$、NCM）[5]、ニッケル系酸リチウム（LiNi$_{0.8}$Co$_{0.15}$Al$_{0.05}$O$_2$、NCA）、スピネル型マンガン酸リチウム（LiMn$_2$O$_4$、LMO）、オリビン型リン酸鉄リチウム（LiFePO$_4$、LFP）[6]が主流となっています。最近は、ニッケル元素の含有率を高めたハイニッケル化が加速し、ハイニッケルNCM811をEV用セル向けに量産供給が開始されました。車載向け需要拡大の第一フェーズ到来でNCMの全体市場が拡大基調にあります。NCM523も拡大

37

第2章　電池の構成材料

傾向にあり、NCM811は中国での注目度が上昇しています。三元系正極材NCMの成長に続き、ニッケル酸リチウム（NCA）は2020年で構成比2番目の規模での市場の大きさが予測されます。NCAの材料供給では住友金属鉱山(株)の独走が変わらない状況です。以下に、これらの特徴を要約します。

(1) コバルト酸リチウム（LCO）は、LIBに初期から使用されている材料で、1980年にイオン伝導体として開発されました。放電曲線は比較的平坦な特徴があります。コバルトがレアメタルに属し非常に高価なこと、満充電状態での安全性が十分でないこと、および環境負荷が大きいことが課題としてあげられます。LCOは数量ベースでは2018年で成長は頭打ち状態となって、今後は低迷期へ突入すると予想されています。主要LCOプレーヤーにおける高電圧対応では、上限出力電圧が4.45V品の量産供給拡大は2020年以降と考えられています。

(2) マンガンを含む三元系（NCM）は、安価で高容量化が可能な材料であり、2000年に米国、および日本で構造的に安定したものが開発されました。この材料は、耐熱性は悪いのですが発熱量は少なく低温時の放電特性にも優れています。特に安価であるため、現在では電子機器用の小型のものからHV、EV用の中型・大型まで使用されています。

(3) ニッケル酸リチウム系は、高容量化が可能な正極材で製造が容易ですが、化学的安定性に課題があり、構造安定化を図るためにコバルトやアルミニウムを微量添加して改善が図られてきました。高温保存性に優れるため、ノートPCや電気自動車に採用されています。

(4) スピネル型マンガン酸リチウム系は、安価で安全性が高く、大容量放電にも適しているためHEV/PHEV用として採用されています。低内部抵抗、高出力であるとともに、高温条件下においても優れた充放電サイクル特性を示す正極活物質であるLMO市場は、特定用途向けを牽引役に成長回復の兆しがあります。

(5) オリビン型リン酸鉄リチウム系（LFP）は、燃えにくい材料であり、かつ放電曲線が平坦であり放電性能に優れています。また、耐熱特性に優れ、安価で環境負荷も低い材料です。過充電、過放電の制御が容易なため中国製の電池

38

が国内では多く出回っていますが、出力電圧が3.2Vと低いので、あまり一般的ではありません。ただし、安全性の高い材料として住宅用では太陽発電と組み合わせた蓄電池、およびオフィスや工場の非常用蓄電池として、国内の大手電池メーカーでも製造が行われています。

LFPでは、NCAの正極と比べると、熱測定では発生熱が1/5以下です。NCAが分解する熱と比べ、LFPは共有結合性が強くないので、熱の出入りが1/5以下となります。安全性では、リン酸系が優れていて、その代表格がリン酸鉄リチウムです。ただし、LFPは完全に不燃性なわけではなく、安価な材料のために回収システムが弱く、その市場は中国の市況変化を受けることもあり、成長はいったん頭打ち状態になってきています。

(6) 歴史的には、最初にLCOが出てきて、次いでマンガン系が検討されてきました。自動車用として日立グループが、材料が安く、そして比較的安全ということで酸化マンガンを提案してきました。ただし、溶解するなどいろいろな解決すべき課題がありました。**図2.2**には、5V級、および4V級のマンガン系候補材料を示しています。理論容量に近い十分なエネルギー密度はまだ取り出せてはいませんが、出力電圧が4Vから4.5V出るというのは魅力的です。特にコバルト・マンガン[7),8)]・バナジウムのリン酸系材料で出力電圧4〜4.5Vで、潜在的エネルギーは150〜160 Ah kg^{-1}であり、ワット時（wh）で稼げるので、高電圧用途では直列に並べる電池の数を減らすことができることが特徴です。5V級はポストLIB狙いで開発が展開されています。

以前から高エネルギー密度を持つ材料として検討されてきたものに、層状構造を持つ五酸化バナジウム（V_2O_5）があります。1以上のリチウムを挿入脱離できる材料系ですが、相転移により可逆性が失われるという問題がありました。ただし、材料製作法を改良すると非晶質化でき、容量もサイクル特性も向上することが最近の研究でわかってきています。金属酸化物以外の材料としては、エネルギー密度の向上という観点で、無機硫黄系の材料は500〜1000 Ah kg^{-1}以上で出力電位2.0Vを示し、依然として開発対象になっています。ポリアクリロニトリル（PAN）と硫黄との混合物を熱処理した材料では、1000サイクル以上の耐久性を示すものも見い出されています。また、著者らが開発を続けて

第2章 電池の構成材料

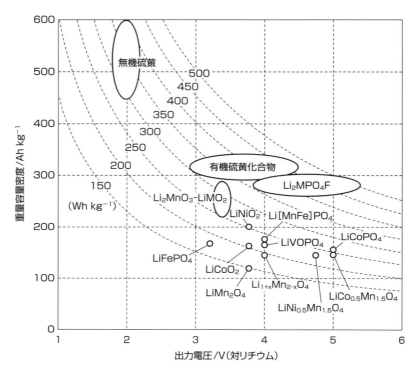

図2.2 各種正極およびその候補材料の容量密度および出力電圧

いるジスルフィド系有機化合物、含硫黄ポリアセン誘導体、および含硫黄導電性高分子では、200～300 Ah kg^{-1}で出力電位3.0～4.0 Vを示す化合物もあり、エネルギー密度の向上、分子設計の容易さの点で将来性のある材料であります[9]。今後うまく開発すれば、キノン[10]、導電性高分子、ニトロキシドのような有機系にも可能性があります。

2.3 電解質および電解液

　汎用の LIB の電解質にはリチウムイオンが 1〜1.3 M（mol L^{-1}）入っています。溶媒は複数の有機溶媒が混合され使われています。要求される物性の因子には、当然、高い伝導性、低い粘性、イオンが動きやすい、化学的な安定性、高い引火温度、無害、安いなどもろもろのことがあります。特に、広い電位窓、要するに充電するときに少しぐらい間違えて余分に外から電圧をかけても中身の材料が変わらない、壊れないということが必要になります。また電解質と接触する電極では、10^{-6} cm レベルの厚さで両極表面に SEI という表面被覆膜層が形成されます。

　表 2.2 にはリチウム塩を溶かすための有機溶剤の物性を示します[11]。電解液

表 2.2　電解液用有機溶媒の諸物性

溶媒	分子構造	分子量	T_m/℃	T_b/℃	η/cP 25℃	ε 25℃	Dipole Moment /debye	T_p/℃	d/g cm^{-3}, 25℃
EC		88	36.4	248	1.90 (40℃)	89.78	4.61	160	1.321
PC		102	−48.8	242	2.53	64.92	4.81	132	1.200
BC		116	−53	240	3.2	53			
γBL		86	−43.5	204	1.73	39	4.23	97	1.199
γVL		100	−31	208	2.0	34	4.29	81	1.057
NMO		101	15	270	2.5	78	4.52	110	1.17
DMC		90	4.6	91	0.59 (20℃)	3.107	0.76	18	1.063
DEC		118	−74.3	126	0.75	2.805	0.96	31	0.969
EMC		104	−53	110	0.65	2.958	0.89		1.006
EA		88	−84	77	0.45	6.02		−3	0.902
EB		116	−93	120	0.71			19	0.878

第２章　電池の構成材料

として何が求められるかですが、まずはイオン伝導性を上げるということが必要です。

現在、何が使われているのかを示します。ここでも開発の余地があります。例えば、まず塩を溶かさなければいけませんから、水よりもっと誘電率の高いものとしてエチレンカーボネートを使いたいところですが、エチレンカーボネートは融点が36℃で、常温で固体です。沸点は250℃ですから、蒸発しにくいという性質があります。

同じ環状カーボネート系でもプロピレンカーボネート（PC）では融点が−48℃なので0℃で凍りません。比誘電率も比較的高く水と近い値でよいのですが粘性が高い（2.53 cP）ためイオンが動きにくいので改良が必要です。また、負極黒鉛層へのリチウムイオンの挿入では溶媒和分子の脱離が必要ですが、PC溶媒ではこの脱離がスムーズに起こらないために黒鉛負極系電池にはPCが用いられていません。しかし、ハードカーボン負極系ではPCが使われています。

汎用の電解液は、エチレンカーボネート（EC）とジメチルカーボネート（DMC）、エチルメチルカーボネイト（EMC）などの混合液です。DMCは誘電率が低いのですが、粘性が0.59で水より低く、サラサラしています。もう1つの特徴は融点が4.6℃で0℃前後という点です。ただ、沸点が91℃なので水よりも気化しやすいです。では、エチルメチルカーボネート（EMC）、およびジエチルカーボネート（DEC）はどうでしょうか？　低温で液体のためこれらも使われています。ただし、いずれの溶液の場合も鎖状系では誘電率が低いのでリチウム塩を溶かせません。そのために、混ぜもので使われています。LIBの動作温度としては、−30〜60℃ぐらいの温度で使いたいという要望があります。それから電解質自身がどれ位の電位領域で使用できるか、すなわち化学反応を起こさないかを示す電位窓が重要です。充電するときに3.8 Vの出力電圧の電池では、約4.2 Vで充電しますが、規格外の充電器を使って4.5 Vで充電しますと、副反応が起こりLIBの寿命が短くなります。この点で電位窓の値の把握が大切です。

現在、開発の新しい流れがいくつかあります。1つは高電圧出力の電池をめ

2.3 電解質および電解液

ざす流れです。今の 3.8 V 出力電圧では足りないので、4 V、あるいは 5 V 級を作ろうという流れがあります。そのためには、広い電位窓を持つ電解質、それに耐えられるものを作っていかなければなりません。すでに、小型民生向け電池では 4.45 V 対応電解液の出荷が開始されています。市販の円筒形電池では、小さな容積の中にかなり密に各構成材料が詰め込まれ、その中の電解液は手で触って湿りが感じられる程度の少量であることに驚かされます。タブレット用の薄いラミネーションタイプの LIB では、電解質にポリマーを添加してゲル状としたものも多く、液が漏れにくい材料が使われています（図 2.3）。この種の電池は、ポリマーリチウムイオン二次電池と呼ばれています[12]。

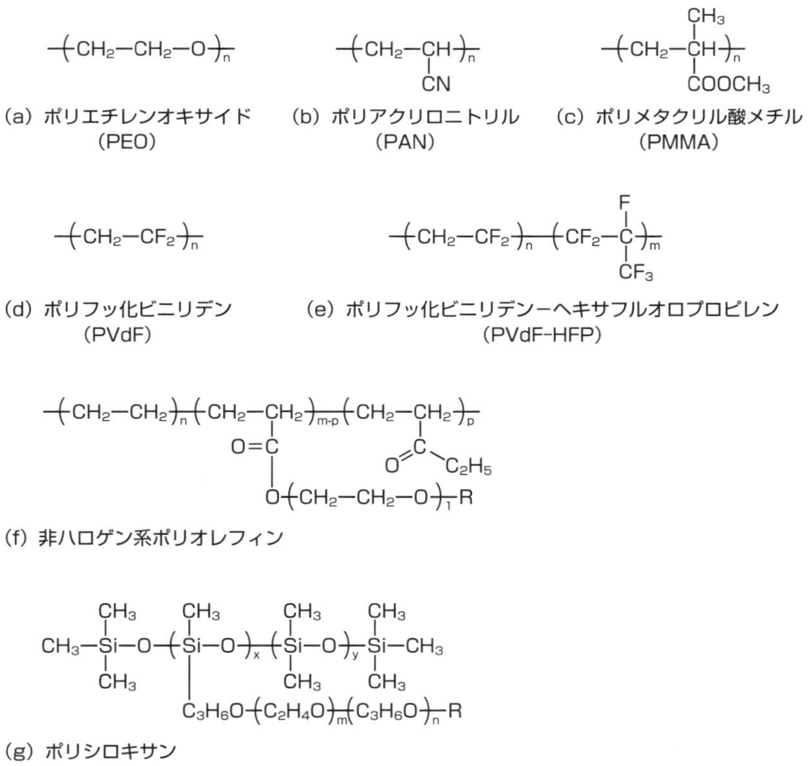

$-(CH_2-CH_2-O)_n$

(a) ポリエチレンオキサイド
(PEO)

$-(CH_2-CH)_n$
   |
   CN

(b) ポリアクリロニトリル
(PAN)

$-(CH_2-C)_n$
       |
       CH_3
       |
       COOCH_3

(c) ポリメタクリル酸メチル
(PMMA)

$-(CH_2-CF_2)_n$

(d) ポリフッ化ビニリデン
(PVdF)

$-(CH_2-CF_2)_n-(CF_2-C)_m$
                    |
                    F / CF_3

(e) ポリフッ化ビニリデン−ヘキサフルオロプロピレン
(PVdF-HFP)

$-(CH_2-CH_2)_n-(CH_2-CH)_{m-p}-(CH_2-CH_2)_p$
                       |
                       O=C
                       |
                       O-(CH_2-CH_2-O)_l-R

                       O=C-C_2H_5

(f) 非ハロゲン系ポリオレフィン

$CH_3-Si-O-(Si-O)_x-(Si-O)_y-Si-CH_3$
      | | | |
      CH_3   CH_3   CH_3   CH_3
                        |
                        C_3H_6O-(C_2H_4O)_m-(C_3H_6O)_n-R

(g) ポリシロキサン

図 2.3　LIB 用電解液を保持してゲル状化するポリマー材料の例

第2章　電池の構成材料

　電解質もいろいろな改良の歴史がありますが、理想的なのは不活性であることです。溶液系、固体系に加えてゲルポリマー系の電解質も研究が進められてきました。充放電の繰り返しによって負極界面に生成され内部短絡の要因となるリチウムデンドライト生成を抑制することは、高速充放電を遂行するために必須で、その生成は電解質の種類により影響を受けます。

　電解質では、新しい支持塩、ゲルポリマー材料、固体電解質材料、およびイオン液体の開発が行われています。リチウムイオンによるイオン伝導性の向上、その温度特性の向上、電解質層の軽量化、および安全性の向上がキーポイントです。ゲルポリマー系は、電解液をポリマーの支持体に含有・保持したものであり、ポリアルキレンオキシドを含む架橋ポリマーや、ポリアクリロニトリル、ポリシロキサン架橋体、ポリフッ化ビニリデンに関する多くの材料についての提案が行われ、その結果ゲルを用いた電池が実用化され、前に述べたように、ポリマーリチウムイオン二次電池と呼ばれるようになっています。

　また、四級アンモニウム系およびイミダゾリウム系カチオンとイミドアニオンからなるイオン液体と呼ばれる物質も提案されています。これは、これまで使用されてきた有機溶媒とくらべ難燃性であることが特長で、リチウムイオン二次電池に使用するためにその電位窓の拡大が図られています。添加剤として、電解液に加えられることもあります。

　最近では、電解質に固体を用いる全固体リチウムイオン二次電池が話題となっています[13]。すでに1970年代から、有機物や無機物を主体とした固体電解質の研究開発が進められてきましたが、近年は硫化物や酸化物の無機固体物質に関してイオン伝導性に飛躍的な発展があり、その進展に大きな期待が高まっています。特に、硫化物系固体電解質材料では液体系電解質と同レベルのリチウムイオン伝導率が報告されています。硫化物系は、可塑性に優れた固体であるため電極と固体電解質の界面の接合が、固体でありながら容易に形成できる特徴があります。ただし、この系では、大気中に暴露すると有毒な硫化水素ガスを発生するため、実際の使用には頑丈な封止加工が必要です。一方で酸化物系固体電解質材料は、化学的な安定性が高く、環境適合性の点で優れていますが、リチウムイオン伝導率が液系電解質より低いこと、また十分に密な固体電解質

44

2.3 電解質および電解液

部材ができず金属リチウムの貫通により内部短絡を起こしやすいこと、さらには電極と固体電解質の界面の接合が強固にできないこと、などの改善課題があります。他方、有機系高分子固体電解質に関しては、ポリエチレンオキシド（PEO）を中心とした研究が進められてきていますが、イオン伝導性の発現がエチレンオキシド鎖のセグメント運動によることから、高分子固体電解質のイオン伝導度は常温で 10^{-4} S cm^{-1} 程度が上限であると予想されており、現状ではこのレベルに近づいています[14]。高分子系は可塑性に優れ、かつ薄膜化も容易であるなどの利点も持っています。

酸化物系[15]の代表的物質では、ガーネット型構造をもつ $Li_7La_3Zr_2O_{12}$ などの複合酸化物、NASICON 型の結晶構造をもつ $Li_{1.3}Al_{0.3}Ti_{1.7}(PO_4)_3$ などが研究されていますが、それらのリチウムイオン伝導率は 10^{-3}〜10^{-4} S cm^{-1} レベルにあります。硫化物系材料[16]では、近年有機溶媒系に匹敵するイオン伝導体（$Li_{10}GeP_2S_{12}$）が報告され、さらに、新たに $Li_{10+\delta}[Sn_ySi_{1-y}]_{1+\delta}P_{2-\delta}S_{12}$ などの有望物質が報告されてきています[17]。これらを使った全固体電池には、次世代のリチウムイオン二次電池の候補として、大きな期待が寄せられています。一般には、上記の固体電解質を用いた電池系では、電極活物質と固体電解質との界面形成が電池特性を支配するので、その制御がキー技術の 1 つとなっています。

また、直近の電池関連学会での研究発表をみますと、全固体型電池の関連材料研究および試験セルの評価研究では、硫黄系、ペロブスカイト型、ガーネット型固体電解質の特性改善の開発成果とともに、「クロソ系錯体水素化物の固体電解質」の検討結果の発表が行われ、360℃で 10^{-1} S cm^{-1} のイオン伝導率を持ち、25℃の常温でも 6.7×10^{-3} S cm^{-1} の値となり、これを電解質に用いた全固体電池の充放電特性が発表されています[18]。他にも全固体型電池に関する試験結果の発表は数多く行われていますが、本格的な実用化にはいまだ時間が必要であると推定されます。

45

2.4 その他の構成材料

2.4.1 セパレータ[1]

　電池は、正極と負極のエネルギー差を外部に取り出すデバイスであることから、電池内部でその差をキャンセルしないようにするために、両極間に介在して両極の直接接触による短絡を防止し、電池反応に必要な電解液を保持して、かつスムーズなイオン移動を遂行する通路となる膜材料（セパレータと呼ばれます）が必要となります（図 2.4）。その部材には、化学的安定性、電解液との親和性、薄膜化、熱安定性、機械的耐久性や強度の向上などの性質が求められます。また、熱ヒューズ（シャットダウン）の機能も担うセパレータについては、強度の向上、不燃化といった各特性の向上も図られています。

　汎用のセパレータ材料は、ポリプロピレンとポリエチレンとの複合膜から構成されています。今後は、自動車での電池用途の増大が見込まれるだけに、不燃性で、より強度があるなどの物性の向上はもちろんのこと、低コスト化が求められています。このセパレータの機能は、短絡防止の他に、安全対策を練る場を提供しています。そのセパレータの厚さは、汎用のもので 10～30 μm です。民生用の最も薄いものは 5 μm で一段落の様相であります。

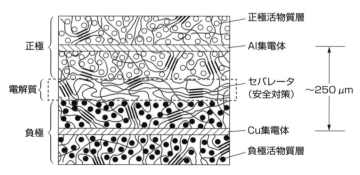

図 2.4　セパレータを中心とした電池の構成

2.4　その他の構成材料

　このセパレータは、絶えず両極と接触状態にあるため、負極側では標準水素電極基準で－3.0 V の還元的雰囲気、正極側では＋1.0 V の酸化的雰囲気に置かれており、化学的に不活性で安定でなければなりません。また、この膜中の細孔をリチウムイオンがスムーズに動かなければならず、副反応物で目詰まりを起こしてはなりません。携帯小型電子機器用の電池では、細孔周りのポリエチレンは 120～130 ℃で溶けることを利用したメルトダウンという熱ヒューズのようなシャットダウン機能を持つセパレータが利用されてきました。自動車用電池では、サイズも大きいため激しく一気に高温になる可能性があり、160 ℃以上ではポリプロピレンのメルトダウンも起こることから、安全性の向上のために様々な提案がなされています。プロピレンの単層セパレータ、薄膜コートセパレータ、三層セパレータ、多孔構造を制御し最適化したセパレータなど、電池の進歩と多様化のニーズに対応したものが市販されています。

　ここで、いくつかの流れを紹介しましょう。大型用途のために 200 ℃でも収縮や溶解の起こらない耐熱性セパレータとしてポリオレフィン系不織布や微多孔膜に不燃性の無機物の Al_2O_3 などを充填したもの、あるいは従来のセパレータ膜表面に Al_2O_3 などをコートしたものが商品化されています。過充電や釘差し試験でも、発火や熱暴走が抑えられます。ポリオレフィン膜表面にアラミド繊維層を形成すると、正極側での耐酸化性、耐熱性を付与でき、高電圧の充電下での安定性、高温安定性を実現できます。また、ポリオレフィン膜負極側の表面に Al_2O_3 層を形成する、あるいはシリカ粒子（SiO_2）を充填すると、急速充電時に負極表面に形成しやすいデンドライトによる微小短絡を抑制する効果があることから、無機フィラー含有タイプが市販化されています。コーティングセパレータでは接着性機能への注目度も上がっています。特に、電極との間の電気化学的界面特性の保持や、リチウムデンドライトの抑制などの機能が注目されています。

　ポリオレフィン系材料以外にも、様々なセパレータ材料が検討されています。バインダーやゲル電解質の材料として用いられてきたポリフッ化ビニリデンに Al_2O_3 を充填して作製されたセパレータ複合膜は、150 ℃での熱収縮はほとんどなく、このセパレータを用いた電池を充電状態で 140 ℃で放置しても、その

出力電圧（OCV）特性は維持できると報告されています。不織布の材料として、ポリアクリロニトリル（PAN）やポリビニルアルコール（PVA）が検討されています。ここでは、微多孔膜に近い細孔を有する不織布が、エレクトロスピニング法と呼ばれる電界紡糸技術により作製されています。PAN はもともと耐熱性に優れており、この不織布を用いた電池の特性は、常温でポリオレフィン系セパレータを用いた電池と変わらないことから耐熱性が期待できます。PVA 不織布を用いた電池では、常温ではポリオレフィン系微多孔膜セパレータを用いた電池とほぼ同等の特性が得られますが、高温の 120℃での OCV を測定すると、両者には明確な特性の違いがあります。PVA 不織布の場合、100℃から OCV が低下し、120℃ではほとんど容量特性を示さなくなります。すなわち、高温に曝されると再充電を困難にさせるので、危険を回避する一つの手段と考えられています。セパレータの作製法には「湿式」や「乾式」がありますが、ここでは、作り方については省略します。

2.4.2　バインダー[1]

　バインダー材料は、活物質粒子の相互結着、集電体への活物質層の結着と保持が基本となる役割ですが、充放電下にあっても活物質層内でのイオン伝導と電子伝導を保持しなければなりません。また、電解液やレドックス反応に対する安定性、耐久性が必要とされます。さらに、製造過程では一般に塗工が可能なペースト状の形態にできることが必要です。このことから、その材料として、ポリフッ化ビニリデン（PVdF）を N–メチルピロリドン（NMP）でスラリー化したもの、スチレン–ブタジエンゴム（SBR）ラテックスをカルボキシメチルセルロース（CMC）の増粘剤と混ぜて水でスラリー化したもの、ポリオレフィン、ポリイミド、ポリテトラフルオロエチレン（PTFE）、熱硬化性樹脂などを主成分とした水あるいは NMP の分散体スラリー液が用いられています。

　バインダー材料の違いにより、電極の活物質の特性が著しく変化するものもあります。例えば、ポリアクリル酸の場合は、黒鉛系負極でリチウムイオンの出入りがスムーズになると報告されています。また、このバインダー材料を用

2.4 その他の構成材料

いると、粉末シリコン系負極に対してサイクル特性を向上させる効果があると報告されています。安全性の観点から熱硬化性樹脂などの開発研究が注目されています。また、環境負荷の軽減を意識し、水系スラリーを使用する比率が高まっています。水系SBRの使用により、負極でのバインダーの重量混合率が大幅に減少されて（70％減）、抵抗の減少や"ぬれ"の特性が改善されています。このことにより充放電時の大きな電流に対応できるようになっています。

　電極の製造過程では、集電体へのペースト状液の塗工後に、溶剤を気化させる乾燥工程があります。ペースト状液は、活物質粒子、導電助剤、バインダー、および溶剤から構成されており、乾燥時間や乾燥温度により各構成物質の分布や空孔構造に変化が生じ、電池特性が著しく異なってくることがわかっており、生産性も考慮して、時間、温度など最適な条件が選択されています。

2.4.3　添加剤

　正極活物質には、電子伝導体としての役割を担う導電性添加剤としては、一般に天然黒鉛やカーボンブラックなどの炭素粉末が用いられています。アセチレンブラック（AB）は、二次電池の導電助剤として用いられている代表的なカーボンブラックです。電極の活物質層内でのその重量比率は3～10％であり、小型電子機器用電池ではその比率は低いものが多いですが、高レートでの充放電特性が求められる車載用ではその比率は高いものが多くなります[19]。

　このAB材料の出発物質はアセチレンです。アセチレンは、自己発熱により連続的に熱分解されて、断熱下における理論分解温度は2600℃に達し、この高い反応温度が他のカーボンブラックにはみられない特徴となります。ABは高い結晶性の発達した凝集形態の構造を持ち、表面官能基やカーボングリッドといった不純物が著しく少なく、活物質のレドックス応答の安定性に貢献しています。**図2.5**はABの電子顕微鏡写真で、発達した構造と結晶の様子がうかがえます。この構造は弾性に富んでいるために、電極活物質の充放電による体積膨張や収縮に追随して導電経路を維持する役割を果たしているものと推定されています。粉状の形態をしたものが一般的ですが、造粒された形態の粒状AB

49

第 2 章　電池の構成材料

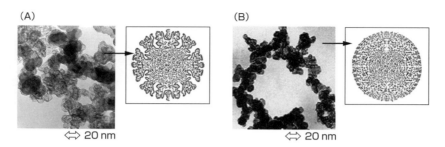

図 2.5　アセチレンブラック(A)とケッチェンブラック(B)の電子顕微鏡写真および一次粒子のマトリックス状態の模式図

表 2.3　導電性カーボンブラックの各種特性

項　目	アセチレンブラック	ケッチェンブラック
略　称	AB	KB
DBP*吸油量　(mL (100 g)$^{-1}$)	175	260
BET 比表面積　(m^2 g^{-1})	68	800
細孔容積　(cm^3 g^{-1})	0.55	1.45

＊）ジブチルフタレート

　も使用されています。この粒状 AB は、かさ密度も比較的高く、粉状のものよりハンドリングが容易であるという特徴を持ちます。ただし、AB の導電性は主として一次粒子の連なりによる導電経路の形成により発現しているために、配合時の機械的ストレスの影響を受けやすくなります。

　したがって、導電特性の安定化にはマトリックス中での占積率を高めることも有効な方法であるとして、一次粒子の小粒径化や中空構造化によるカーボンブラックの形態設計が行われています（表 2.3）。このような中空構造を有する高比表面積のカーボンブラックの代表としてケッチェンブラック（KB）を挙げることができます。図 2.5B には、その電子顕微鏡写真を示しており、粒子内の空隙が発達している様子がわかります。その比表面積は約 800 m^2 g^{-1}、特殊グレードでは 1400 m^2 g^{-1} にも達しています。汎用の電池では、一般に高比率の AB に低比率の KB を混合させて用いられることもあります。少量の添加で導

2.4 その他の構成材料

電性を発現させたい用途には KB のような高比表面積材料が、高純度を要する電池には AB が用いられるのが一般的です。

導電性能と分散性能を両立した新規カーボンブラックの開発も行われています[20), 21)]。

また、ナノカーボン材料と呼ばれているグラフェンやカーボンナノチューブ（CNT）については、その特殊な優れた電気的、熱的、および機械的特性から、CNT などの一部は、すでに電池の導電助剤として用いられています。

2.4.4　集電体

一般には、LIB では銅箔集電体に炭素材層を固定した負極、アルミニウム箔集電体にリチウム金属酸化物層を固定した正極、および細孔を保持したポリオレフィン系セパレータのフィルムから構成されています。ただし、負極としてチタン酸リチウム（LTO）を使用した場合では、安価なアルミニウム箔集電体を用いた電池が市販化されています。また、アルミニウム箔集電体では、電気化学特性の向上や表面の耐食性向上のために、化学的表面処理やカーボン層のコートなどが行われています。

文献

1）日本化学会編「季刊化学総説 新型電池の材料化学」学会出版センター（2001）.

2）独立行政法人 新エネルギー・産業技術総合開発機構（NEDO）「二次電池技術開発ロードマップ 2013（Battery RM2013）」（2013）.

3）小林哲彦，太田璋，宮崎義憲編著「図解でナットク！ 二次電池—基礎と応用技術の最前線」日刊工業新聞社，第 2 章，53–66（2011）.

4）原田康宏，伊勢一樹，高見則雄「チタンニオブ酸化物負極による高容量化で超急速充電が可能な次世代リチウムイオン二次電池 SCiBTM」東芝レビューVol 73, No. 3, 4（2018）.

5）N. Yabuuchi, T Ohzuku, Novel lithium insertion material of $LiCo_{1/3}Ni_{1/3}Mn_{1/3}O_2$ for advanced lithium-ion batteries, *J. Power Sources,* 119, 171（2003）.

6) A. Yamada, Iron-Based Cathodes Matching Industrial & Environmental Requirements: Towards Inexpensive yet Reliable Large-Scale Lithium Secondary Batteries, *Electrochemistry,* 71, 717 (2003).

7) Y. Mishima, T. Hojo, T. Nishio, H. Sadamura, N. Oyama, C. Moriyoshi, and Y. Kuroiwa, "MEM Charge Density Study of Olivine $LiMPO_4$ and MPO_4 (M = Mn, Fe) as Cathode Materials for Lithium-Ion Batteries", *J. Phys. Chem. C,* 117, 2608 (2013).

8) 三島祐司，北條琢磨，西尾尊久，貞村英昭，森吉千佳子，黒岩芳弘，小山昇「$LiMn_{0.8}Fe_{0.2}PO_4$ 正極のセル特性」粉体粉末冶金学会春季大会，02-45A（2011）.

9) N. Oyama, T. Tatsuma, T. Sato, T. Sotomura, Dimercaptan-polyaniline composite electrodes for lithium batteries with high energy density, *Nature,* 373, 598 (1995).

10) T. L. Gall, H. R. Reiman, M. Grossel, J. R. Owen, Poly (2, 5-dihydroxy-1, 4-benzoquinone-3, 6-methylene): a new organic polymer as positive electrode material for rechargeable lithium batteries, *J. Power Sources,* 119, 316 (2003).

11) 小山昇「リチウムイオン二次電池の化学的原理と越えるべき課題─高出力容量，長寿命，高い安全性を求めて─」現代化学，東京化学同人，463（10），20-27（2009）.

12) N. Oyama, Y. Fujimoto, O. Hatozaki, K. Nakano, K. Maruyama, S. Yamaguchi, K. Nishijima, Y. Iwase, Y. Kutsuwa, New gel-type polyolefin electrolyte film for rechargeable lithium batteries, *J. Power Sources,* 189, 315 (2009).

13) 辰巳砂昌弘，林晃敏「全固体電池の最前線──いま世界でどこまで進展しているか？」，化学，化学同人，67（7），21（2012）.

14) M. Watanabe, R. Ikezawa, K. Sanui, N. Ogata, Protonic Conduction in Poly (ethylenimine) Hydrates, *Maernmolecules,* 20, 968 (1987).

15) N. Hamao, K. Kataoka, J. Akimoto, *J. Ceramic Soc. Jpn.,* 125 (4), 272 (2017).

16) A. Hayashi, M. Tatsumisago, Invited paper: Recent development of bulk-type solid-state rechargeable lithium batteries with sulfide glass-ceramic electrolytes, *Electron. Mater. Lett.,* 8, 199 (2012).

17) Y. Sun, K. Suzuki, S. Hori, M. Hirayama, R. Kanno, Superionic Conductors:

$Li_{10+\delta}[Sn_ySi_{1-y}]_{1+\delta}P_{2-\delta}S_{12}$ with a $Li_{10}GeP_2S_{12}$–type Structure in the Li_3PS_4–Li_4SnS_4–Li_4SiS_4 Quasi–ternary System, *Chem. Mater.,* 29 (14), 5858 (2017).

18) 原田健太郎，外山直樹，大口裕之，山田悠斗，鈴木耕太，金相侖，菅野了次，折茂慎一「$LiCoO_2$ 正極とクロソ系錯体水素化物固体電解質を用いた全固体電池の開発」第 59 回電池討論会要旨集，3B07（2018）．

19) 石塚芳巳「季刊化学総説 新型電池の材料化学」日本化学会編，学会出版センター，p142〜144（2001）．

20) 深野雅史，河野洋一郎，小松正典，小山昇「新規カーボンブラックのキャラクタリゼーションとリチウム二次電池特性」第 54 回電池討論会要旨集，3A15（2013）．

21) 深野雅史，河野洋一郎，大森さやか，小松正典，小山昇「多孔質カーボンブラックのリチウム二次電池特性」第 55 回電池討論会要旨集，2B01（2014）．

第3章

充放電特性

第3章　充放電特性

　電池性能を表現する基本的な方法として、充放電曲線があります。この充放電曲線とは、縦軸に電池出力電圧、横軸に残存容量（充電状態）をとって、ある一定電流の通電あるいは放電での状態推移をグラフ化したものです。電池の充電状態は電流の通電量と放出量の差（電流値の時間積分量）で表され、SOCと呼ばれ、仕様上（電池によってカット電圧の下限と上限値が異なるモードを使用します）の完全放電状態を 0 %、満充電状態を 100 %として表します。ここで、電池の充放電量を数値化する際には、Ah（電流と時間の積）または Wh（電力と時間の積）の単位を用います。ちなみに充電状態（SOC）の計算に使われるのは Ah の充放電量です。なお、電池の充電と放電の収支を表す「効率」という概念があります。用いる単位によって効率の名称は異なり、Ah では「クーロン効率」、Wh では「エネルギー効率」と呼びます。LIB の場合には、クーロン効率は多くの場合でほとんど 100 %になりますが、エネルギー効率は電池によって異なる値となります。なぜなら、充電曲線と放電曲線が同じ所を通らないというヒステリシスがあるためです。電気エネルギー（Wh）は電気量（Ah）と電圧（V）の積ですから、ほとんどの LIB ではエネルギー損失が存在していることになります。

3.1　充放電曲線

　汎用で最新の円筒型 LIB（20700 型で正極は NCA、負極は黒鉛を使用）に関する充放電特性を**図 3.1** に示します。

　充放電曲線の形は、充放電に使われる電流の大きさ、使用環境温度により大きく変化します。電池の性能を表す基本特性は、放電時の環境温度が 20℃または 25℃での放電レートごとのグラフを表示するのが一般的です。例えば図 3.1A には 0.2 C レートの定電流値（ここでは 0.80 A）で充電して 4.20 V で停止、0.2 C、1.0 C、および 2.5 C レートの定電流値で放電させたときの曲線を表しています。まず、これらの図から充電曲線と放電曲線が同じところを通らないこと、つまりヒステリシスがあることに気づきます。これは下記の式（3.1）に記

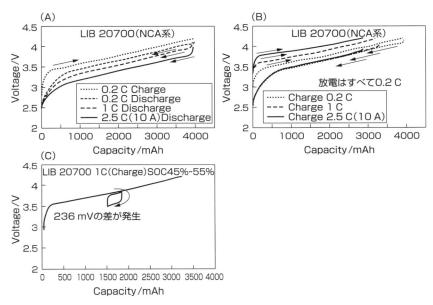

図 3.1　汎用で最新の LIB（20700 型、正極は NCA、負極は黒鉛を使用）に関する充放電特性

(A)0.2 C レートで充電した後（点線）に、0.2 C レートで放電（点線）、1 C レートで放電（破線）、2.5 C レートで放電（実線）。(B)0.2 C レートで充電した後（点線）に 0.2 C レートで放電（点線）、1 C レートで充電（破線）して 0.2 C レートで放電（破線）、2.5 C レートで充電（実線）して 0.2 C レートで放電（実線）。(C)1 C レートで充電して、SOC が 55％時に 1 C レートで 45％まで放電、再び充電したときの出力電圧の応答およびそのサイクル。充電は 4.2 V カット、放電は 2.5 V カットのモードとして、25℃で測定

す原因により、充電曲線を上昇させ、また、放電曲線を下降させる過電圧が必要になるためです。

　　　電圧降下または上昇
　　　＝（全内部抵抗×放電・充電電流）＋（イナートゾーン電位）　　　(3.1)

充電と放電は電流の向きが逆となりますので、充電電流は放電電流と逆符号と考えることができます。式 (3.1) の左辺は放電で電圧降下、充電で電圧上昇になります。また、式 (3.1) の右辺の第 2 項に関しては、1.5.3 項で記載した固体のトポケミカルなレドックス反応を誘起するために必要な、イナートゾーン電

第3章 充放電特性

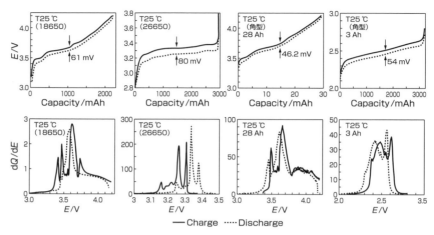

図3.2 国内外で汎用されている4種類のLIBの充放電特性（上段）とそれらの微分（dQ/dE）特性（下段）

25℃、0.2Cレートで測定

位で、充電では余分のプラスの印加電圧、放電では余分のマイナスの印加電圧が必要になります。ここで、充電と放電の電流値が大きい場合には、式（3.1）の右辺の第1項の値が大きくなり、ヒステリシスの幅は大きくなります（図3.1AおよびBを参照）。また、図3.1Cの曲線から、充電と放電のプロセスによる出力電位のヒステリシス現象は可逆的に誘起されることがわかります。

国内外で汎用されているLIBに関しても、観測される出力電圧には、同一のSOCでも充電あるいは放電時の違いにより少なくとも数十ミリボルトの差がある2つの値が存在することを前述してきました。電池構成材料の違いや電位計測直前の電池動作の充放電方向性によって、出力電圧の値に違いが出てきます。両者の観測電位値は数時間待っても同じ値にはなりません（**図3.2**）。これは、電池反応が固体反応であるために誘起される特有のヒステリシス現象によります。

3.2 出力電位のヒステリシス現象

　固体粒子のレドックス反応では、ほぼ例外なく、酸化方向と還元方向の電位掃引で得られるピーク電流となる電位値は一致していませんでした。すでに、1.5.2 項、1.5.3 項の実例で示してきた通りです。$Li_4Ti_5O_{12}$（LTO）粒子は、ゼロ・ストレインの活性物質であることから、このピーク電位値の差はゼロであることが期待されましたが、そうはなりませんでした[1]。また、有機硫黄化合物のTTNの固体粒子[2]の薄膜電極では、可逆系と呼ばれる電子移動反応系のレドックス対のピーク電位差は、200 mV 前後となり、イナートゾーン電位が存在する、いわゆる固相二相平衡的な CV 応答を示しました。すなわち、溶存系の同一種間の電子移動反応と異なり、固体状態では電子の出し入れに余分なエネルギーを必要としていることがわかります[*]。

　図 3.3 に記載した文献[4]によれば、図 3.3A の（Ⅱ）の領域では、いくつかの粒子は二相系を形成することによって、不均一になるか、あるいは均一なリチウムがリッチな固溶相状態（β 相）であり続けるかの二択があります。図 3.3B に図示されているように、シナリオ 1 では二相系粒子が固溶相となり安定状態になりますが、シナリオ 2 では粒子間でリチウムの交換が起こり一相状態（α 相）となる緩和現象が起こっていることを示しています。これまで多くの研究で受け入れられてきたのはシナリオ 1 ですが、ここではシナリオ 1 ではなく、シナリオ 2 が電位ヒステリシス現象を説明することに妥当性があると主張して

---

[*] 固体活性点のレドックス反応では、溶存種のそれと同じように活性錯体のような"遷移状態"を考えて、その状態生成のために活性化エネルギーが存在して、ゆっくりした分子の揺らぎや、"遷移状態"での電荷中性化のために反応種の相遷移エネルギーと類似因子が関与したプロセスが必要と主張されています。そのエネルギーは"N-shaped free energy"と定義されていて、非速度論的エネルギーのヒステリシス現象として理解されています[1)-3)]。

　溶存化学種では、標準酸化還元電位より、正側および負側に電位を印加して、それぞれ酸化反応および還元反応を主に引き起こすことができます。

　しかし、固体状態の活性種では、標準酸化還元電位は存在せず、必ずヒステリシス現象に相当する電位を余分に印加しないと、固体のレドックス反応は起こらないことになります。これは、単なる抵抗による電圧降下ではないということです。

第3章　充放電特性

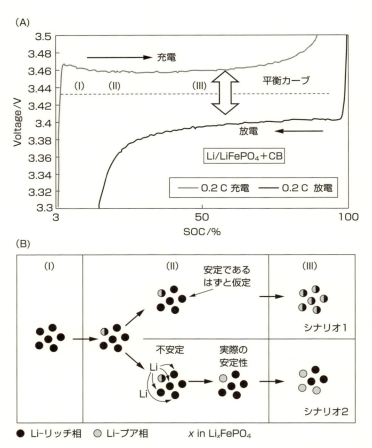

図3.3　LIB（正極はリン酸鉄リチウム、負極はリチウム金属箔を使用）に関する充放電特性

(A)ヒステリシスから生じる電位ギャップ。(B)電位ギャップの原因となる粒子上でのリチウムイオンの出入りメカニズム（ここでは、W. Dreyerら[4]の解釈を紹介しています）

60

います。LTO、リン酸鉄リチウム、コバルト酸リチウムなどで紹介してきたこのヒステリシス現象は、多粒子間でのリチウムイオン挿入がシーケンシャルな機構によって生じていると考えられています。

ここで紹介したヒステリシス現象は、LIB の充放電特性の基本的な問題でありますが、研究者の間ではあまり取り組まれてこなかった現象であります。

3.3 汎用電池の充放電特性の特徴

第 2 章で述べた各種電極材料を用いた車載用電池および定置型電池の代表格の充放電特性を紹介します。車載用 18650 型電池（容量は 2000 mAh、定格電位は 3.6 V、負極は黒鉛、正極は三元系金属酸化物（$LiNi_{0.5}Co_{0.2}Mn_{0.3}O_2$）、電解質は EC/PC/DMC、$LiPF_6$）について、**図 3.4** に充放電曲線とその微分曲線を示しています。この図には、未劣化と劣化電池で得られた応答を示します。高温環境下、および低温環境下での充放電サイクルの作動により劣化が促進され、各電池の SOH はそれぞれ 0.86 および 0.70 です。ここで、定性的には、電池の容量減少をともなう劣化により、図3.4Bの応答から複数のピーク電流応答の形状変化やピーク電位値のシフトが観測されます。図3.4Dの応答から、低温劣化電池では 3.5 V 付近の充電時のピーク電流応答、および 3.4 V 付近の放電時のピーク電流応答は、消滅することがわかります。これらの挙動から、充放電サイクルの繰り返しにより、電極表面での SEI の生成と成長、負極での金属リチウムの析出、電極活物質の溶解などの副反応が起こっていると推定できます。

定置型用 26650 型電池（容量は 3000 mAh、定格電位は 3.2 V、負極は黒鉛、正極はリン酸鉄リチウム）については、1.6 節の図 1.17 にその応答を示しています。

以下、車載用としてよく使用されている形も構成材料も異なる代表的な 3 つの電池に関する充放電特性について紹介します。

HV や PHV 用の角型の 20 Ah 級の LIB（正極材料には三元系材料、負極には黒鉛系材料と推定）について紹介しましょう。**図 3.5** には、充放電曲線とその

第3章　充放電特性

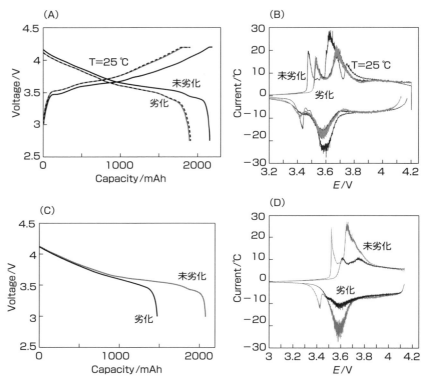

図3.4　車載用18650型電池（負極は黒鉛、正極は三元系金属（NCM）酸化物）の劣化有無の充放電特性(A)(C)、およびそれらの曲線の微分から求めた微分曲線(B)(D)

(A)には高温環境下での充放電サイクル劣化、(C)には低温環境下で充放電サイクル劣化させた電池の応答を示しています

微分曲線を示しています。本図には、同一電池の異なる測定温度（常温（25℃）および低温（−5℃））での充放電で得られた応答です。計測温度には自動車で通常使用されている温度を選びましたが、この特性応答から、測定対象電池は低温特性に優れていることがわかります。充放電曲線は滑らかな傾斜を取らないこと、さらに、増分（dQ/dE）曲線では、少なくとも3つの主なピークが観察されており、また3.7 V以上の電位領域での電流応答は、ファラディッ

3.3 汎用電池の充放電特性の特徴

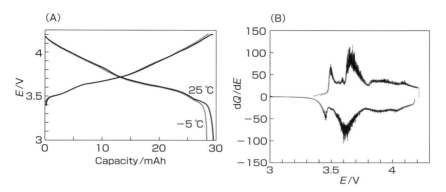

図 3.5　車載用角型 20 Ah セルの充放電曲線（A）および微分曲線（B）
25 ℃および−5 ℃で計測、充放電条件は 2.5 A 定電流モード

クな応答というよりもキャパシタ的な応答となっています。この電池では−15 ℃でも、放電容量値は 25 ℃で得られた満充電容量値の約 95 ％を維持しており、低温特性に優れた電池であると判断できます。

次は、HV や PHV（PEV）用のラミネート形状セルで、スピネル型マンガン酸リチウム正極とハードカーボン負極からなる LIB の充放電曲線と微分曲線（**図 3.6**）についてです。8 個の電池の直列接続からなるモジュール電池の、各々の単電池とモジュール電池の諸特性を計測した結果の一部です。モジュールを構成する各セルの電池特性は、同一温度での計測で充放電特性などは 2 ％以内に収まり、ラミネート形状セルであるが諸特性の再現性は高い結果となりました。充放電曲線の電流応答は、ファラディックな応答というよりキャパシタ的応答のように残存容量の減少とともに出力電位は減少します。−5 ℃でも、放電容量は 25 ℃で得られた値の約 90 ％や 80 ％を維持しており、これも低温特性に優れた電池であると判断できます。また、高レートの充放電に対応できる特性を持っています。

負極に炭素材以外の材料を用いた例として、HV や PHV 用の角型の 3 Ah 級や 20 Ah 級のチタン酸リチウム負極材を用いた LIB の充放電特性を**図 3.7** に示します。炭素材と比べ充放電電位が 1.6 V 程度低いために出力電位とエネ

第3章　充放電特性

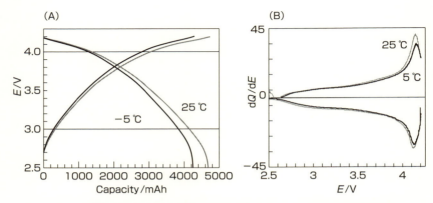

図3.6　車載用ラミネート形セルの充放電曲線(A)および微分曲線(B)
25℃および−5℃で計測

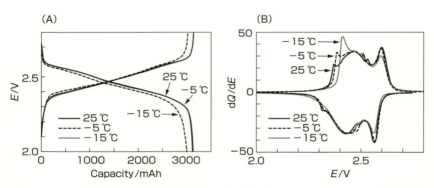

図3.7　LTO負極としたLIB（3 Ah）の充放電曲線(A)およびdQ/dE曲線(B)
未劣化セル、測定温度は25、−5、−15℃、測定条件はCCCVモード充放電

ギー密度の比較では不利ですが、サイクル寿命が長いこと、および難燃性で短絡時の安全性が高いため、長期使用や安全性を求める製品への採用が増えています。この電池の正極材料には金属酸化物の三元系材料が使われていると推定されています。−15℃でも、放電容量は25℃で得られた値の約90％を維持しており、低温特性に優れた電池であると判断できます。

文献

1) N. Oyama, S. Yamaguchi, Evaluation of Thermodynamic and Kinetic Parameters from Voltammetric Responses for Molecular–Solid $Li(Li_{1/3}Ti_{5/3})O_4$ Particles Confined on Electrode, *J. Electrochem. Soc.*, 160, A3206 (2013).

2) N. Oyama, S. Yamaguchi, T. Shimomura, Analysis for Voltammetric Responses of Molecular–Solid Tetrathionaphthalene Confined on an Electrode, *Anal. Chem.*, 83, 8429 (2011).

3) S. W. Feldberg, I. Rubinstein, Unusual quasi–reversibility (UQR) or apparent non–kinetic hysteresis in cyclic voltammetry: An elaboration upon the implications of N–shaped free energy relationships as explanation *J. Electroanal.Chem.*, 240, 1 (1988).

4) W. Dreyer, J. Jamnik, C. Guhlke, R. Huth, J. Moškon, M. Gaberšček, The thermodynamic origin of hysteresis in insertion batteries, *Nature Materials,* 9, 448 (2010).

第4章

電池特性の評価

第4章　電池特性の評価

4.1　電気化学的測定法の基礎

　一般に、電池特性の評価は、温度制御の下で時間、電位、および電流の電気化学的な3つのパラメータを変数として実行されます。電池全体の特性には、電池構成要素である負極、正極、および電解質の特性が反映されるために、各要素のできるだけ詳しい評価が重要となります。また、電池内部では動作時にはイオンおよび電子（電荷）が有限の速さで移動し、かつ活物質層内で酸化還元反応が起こり、これらの反応・プロセスが温度依存性を持つことから、温度に関する情報も重要なパラメータであります。電池の電気化学的な評価法として、電流パルスあるいは電圧パルスをセルに印加して、それぞれその時間に対する電圧応答（クロノポテンショメトリー）あるいは電流応答（クロノアンペロメトリー）を観察する方法があります（表4.1）。また、一定電流を長時間にわたって印加した状態で、時間に対する電圧応答を観察する充放電曲線、その差分曲線に相当するサイクリックボルタンメトリー（CV）などの直流法があります[1]。

　これらの直流法以外には、正弦波の電流あるいは電圧をセルに印加し、インピーダンススペクトルを測定する交流法があります[1]-[5]。この交流法には、①直流分極成分にある微小交流成分をその周波数を変えながら重畳して、それを外部から電池系に印加して、出力のインピーダンススペクトル（AIS）を観察する交流インピーダンス法（FRA法）、②多くの周波数成分を持つ電流、あるいは電圧の矩形波またはノイズを電池系に印加してフーリエ変換により各周波数成分のスペクトルを同時に求める高速フーリエ変換インピーダンス法（FF法）などの手法があります。すなわち、インピーダンスの測定には、周波数応答アナライザー（FRA）を用いて周波数ドメインで測定する方法、あるいはフーリエ変換手法による時間ドメインで測定する方法があります。前者は、交流電圧や電流を入力信号として発生させてセルに印加し、それに対する応答信号の振幅と位相差を検出する手段であり、汎用されています。ここでは、各周波数の正弦波を段階的に変えて印加し、その電位と電流のデジタル処理を行い、

68

4.1 電気化学的測定法の基礎

表 4.1 電池評価に用いられている代表的な電気化学的測定法

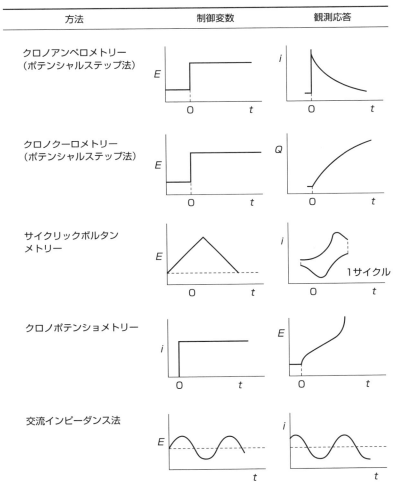

観測の複素量からインピーダンスと位相差を求めており、波形を直接観察できるという利点がありますが、測定に長時間を要するという弱点もあります。

第4章　電池特性の評価

4.2　評価モデルとなる等価回路

　電池内で起こっている反応をランドルス型等価回路と呼ぶ擬似等価回路で表現する考え方は 1.4.3 項の図 1.8 で示しました。一般に、電池内での全電極反応を表現する等価回路モデリング（ECM）は、電気化学システムのインピーダンススペクトル（EIS）を解析するために、より複雑な擬似等価回路を用いて行われています[6]。この ECM は、いくつかの直列に接続されたインピーダンス素子またはより複雑なモデル構造からなり、さまざまな電圧損失メカニズムの個々の寄与の定量化と、周波数領域におけるパラメータ依存性の同定を可能にします。ここでは、基本的な等価回路因子（例えば、RC およびワールブルグ因子）が導入されています。

　図 4.1 に示した各種因子は、①有限長のワールブルグ要素は電解質および固体状態の拡散およびセルの微分容量を表す直列容量 C、②カソードおよびアノードでの電荷移動や SEI の寄与を表す複数の RC 要素、③オーミック抵抗 R_0 およびコンタクト寄与のカソードとアノードの総和の直列抵抗 R、④ケーブルおよびセルの誘導性を表すインダクタ L で構成されています。すなわち、電池内での全電極反応は電荷移動プロセスおよび二重層を含む RC 因子でモデル化

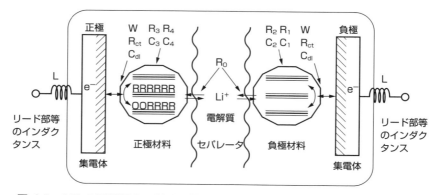

図 4.1　LIB の電極反応に対する物理的化学的イメージ図と擬似等価回路の各種因子

4.2 評価モデルとなる等価回路

されています。このようにして、ECM は、アノードとカソードの高〜中周波数帯のインピーダンス寄与を考慮し、これらの周波数帯での電圧損失寄与を解析するために、抵抗と RC 因子で評価されます。ただし、全体的な精度向上を達成するためには、EIS（≧5 mHz）によって測定された完全な周波数帯範囲でのモデル化が行われるべきであります。さらに電圧損失寄与の解析にヒステリシス現象の影響を考慮しなければならないはずで、この現象を最小化する実験条件を選択するか、この現象を考慮し解析を行わなければなりません。この現象に正面から取り組んだ研究はこれまで行われておらず、今後の研究課題となっています。

複素非線形最小二乗法（CNLS）によるインピーダンス応答のフィッティングから、電荷移動、SEI の各抵抗、時定数だけでなく、オーミック抵抗 R_0 を求めることができます。インピーダンスの解析法には、伝送線路モデルなど様々な方法がありますが、図 4.1 に示したモデルは比較的単純で、フィッティングの信頼度・品質は十分あると判断できます。一般には、フィッティングによる解析のためには、CPE（Constant Phase Element）という手法が用いられています。CPE 手法は市販ソフトウェアを使い学術分野で広く用いられていますが、その係数の物理化学的意味と科学的現象との関わりが明確でないために、本書では CPE を採用せずに RC 因子数の増減により、フィッティング精度を向上させることをおすすめします。図 4.2 に示す解析用等価回路では、該当する回路で得られる電流–電圧–時間曲線は式（4.1）で示すことができます[7],[8]。また、そのインピーダンスは式（4.2）で示すことができます。ワールブルグ要素を評価するためのインピーダンス測定の解析結果のいくつかの例とクロノポテンショグラム（CP）応答の解析については、後述します。

電流–電圧–時間の関係式

$$E(t) = \left[R_0 + R_1 \mathrm{e}^{-\frac{R_1 t}{L_1}} + \sum_{n=2}^{5} R_n \left(1 - \mathrm{e}^{\frac{t}{R_n C_n}} \right) \right.$$

$$\left. + k W_6 t^{\frac{1}{2}} + R_7 \left(1 - \mathrm{e}^{-\frac{t}{R_7 C_{\mathrm{int}}}} \right) \right] I(t) \tag{4.1}$$

第 4 章 電池特性の評価

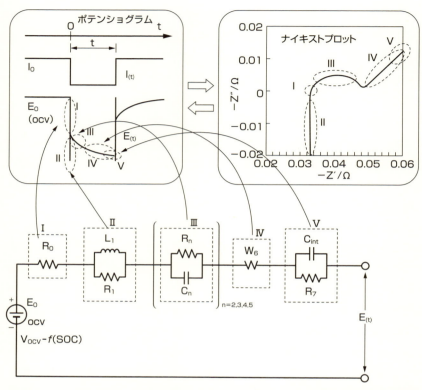

図 4.2 クロノポテンショグラム（CP）の解析のための全電極反応の等価回路モデリング（ECM）

$$Z = R_0 + \frac{j\omega L_1 R_1}{R_1 + j\omega L_1} + \sum_{n=2}^{5} \frac{R_n}{1 + j\omega R_n C_n}$$

$$+ W_6 \omega^{-1/2}(1-j) + \frac{R_n}{1 + j\omega R_7 C_{\text{int}}} \quad (4.2)$$

インピーダンス実数成分

$$Z' = R_0 + \frac{\omega^2 L_1^2 R_1}{R_1^2 + \omega^2 L_1^2} + \sum_{n=2}^{5} \left(\frac{R_n}{1 + \omega^2 R_n^2 C_n^2} \right) + W_6 \omega^{-1/2} + \frac{R_7}{1 + \omega^2 R_7^2 C_{\text{int}}^2}$$

インピーダンス虚数成分

$$Z'' = \frac{\omega L_1 R_1^2}{R_1^2 + \omega^2 L_1^2} - \sum_{n=2}^{5}\left(\frac{\omega R_n^2 C_n}{1 + \omega^2 R_n^2 C_n^2}\right) - W_6 \omega^{-1/2} - \frac{\omega R_7^2 C_{\text{int}}}{1 + \omega^2 R_7^2 C_{\text{int}}^2}$$

上式の W_6 などの記号は下記の通りです。

$$W_6 = \frac{RT}{\sqrt{2}\,n^2 F^2}\left(\frac{1}{C_O^0 \sqrt{D_O}} + \frac{1}{C_R^0 \sqrt{D_R}}\right)$$

$$j = \sqrt{-1}$$

$$\omega = 2\pi f$$

$$|Z| = \sqrt{Z'^2 + Z''^2}$$

$$\theta = \arctan\left(\frac{Z''}{Z'}\right)$$

　計測した電気化学的データを、どのような等価回路と解析式でフィッティングさせるかは重要な課題です。いくつかの計測メーカーから、インピーダンスに対するフィッティングのみでなくシミュレーションの機能を持った解析ソフトが市販されています。しかしながら、このシミュレーション法の条件設定などの中身は開示されておらず、電池反応の解析には必ずしも万能ではないことに注意が必要です。本書では車載用および定置蓄電用 LIB のパルス応答データとインピーダンス特性データのシミュレーションの結果について、順次紹介していきます。

4.3 直流評価法

4.3.1 サイクリックボルタンメトリー

　サイクリックボルタンメトリー（CV）は、電気化学分野で最も汎用されている手法[1]で、評価対象となっている動作電極に三角波の電位掃引を印加して観察します（**表 4.1**）。ここで得られる電流–電位曲線をサイクリックボルタモグラムと呼び、溶液と接触した電極表面あるいは界面で、どのような反応が起

第4章　電池特性の評価

こっているかを直観的に観察・把握するための最も有効な方法の1つです。そのため、CV は電極反応に関する"初期診断法"として、電気化学研究に広く用いられています。しかしながら、電池を構成する負極、あるいは正極では、レドックス活物質層が厚く（10〜100 μm）、固相状態であるため、これらの電極から観察される CV 応答は、溶液中に溶かされたレドックス種の電極反応による CV 応答とは得られる情報が異なることも多くなります。CV 応答に含まれるパラメータも多く、固体反応を主に含む電池系の測定法としては必ずしも多用されていません。ここでは電池反応系で得られる CV 応答を理解する上で必要な基本的概念について、例を挙げながら解説し、その有用性と留意すべき点を記述します。

　CV 測定は、レドックス活性種の間に相互作用のない溶存レドックス種の電極反応の解析と、高分子被覆電極の電極反応の解析に大変有用な手段でありますが、電池系の活物質層からの CV 応答では、いくつかの新たなパラメータを含んでいるので、その解釈には注意が必要です。特に、CV のピーク電流値（i_p）の電位掃引速度（v）依存性（i_p vs $v^{1/2}$ プロット）から拡散係数を求めることができるのは、各反応種に相互作用がないことが前提です。また、酸化ピークおよび還元ピーク電位値の差は必ずしも、電極反応速度のみを反映したものではなく、測定系により相転移ポテンシャル、結晶相形成のためのイナートゾーン電位が存在します。また、活物質層内のレドックス反応には、リチウムイオンの拡散過程が含まれますが、その移動過程が CV 応答に含まれているかの有無の判断が必要です。拡散過程が含まれる場合であっても、掃引速度と活性層の反応層の厚さとの関係で、有限拡散か半無限拡散かの考慮が必要になります[9]。

　さらに、活物質粒子へのリチウムイオンの拡散には、異方性があることも多いので、このことを考慮する必要があります。逆に言えば、CV 応答から、上記の現象が明確に観察されることになるので、他の測定法と併用すれば、CV 測定は大変有効な測定法と言えます。

4.3.2 パルス法

　パルス印加では、2つの典型的な電解条件があり、1つは定電位ステップ電解の場合、もう1つは定電流ステップ電解の場合です[9]。二次電池の充放電特性は定電流電解で得られることが多いので、電池特性を理解するうえで必要と考えられる定電流電解の解析法について詳しく記述します。この場合、電流は一定であるので、電極反応は一定速度で進行していると考えます。溶存状態化学種のレドックス反応、

$$Ox + ne^- \leftrightarrow Red$$

では、Ox および Red 種の拡散方程式、初期条件、境界条件から、電位–時間曲線を導くことができます。途中の解析式の展開は、成書を参照されたいですが、その定性的な意味は次のようになります。

　任意の大きさの定電流を作用電極と対極との間に印加すると、Ox は一定の速度を持ち電極表面で還元され、電極表面での Ox と Red の濃度比が変化するにつれて電極の電位は変わります。これは、電極近傍での Ox の電子による滴定とみなすことができ、いわゆる電位差滴定曲線に類似した曲線（クロノポテンショグラム、CP）（**図4.3**B）が得られます。CP は定電流条件であるので電極表面での Ox の濃度勾配は一定のまま、拡散領域が溶液内部へ伸長し、電極表面での Ox の濃度は刻々減少します。逆に Red の濃度は増加します。そして、最終的に電極表面での Ox の濃度がゼロになったとき、Ox の電極表面へのフラックスが電子を受け取るには不十分となり、電極電位は、次の新たな還元が起こるまで、より負の電位へすばやく変化します。このような電位変化が起こるまで定電流を印加した時間を遷移時間（τ）と称します。この τ の平方根の値は、電位規制法において得られる限界電流値に相当し、この τ は次の式（4.3）のように表されます。この式（4.3）は Sand 式として知られ、電極反応の可逆性によらず成り立つ便利な式です。

$$i\tau^{1/2} = \frac{nFC_0^* D_0^{1/2} \pi^{1/2}}{2} \tag{4.3}$$

単純な拡散支配の反応は、電流 i のいかんによらず $i\tau^{1/2}$ の積は一定となり、バ

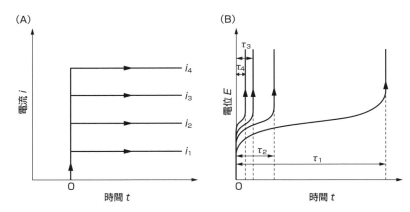

図 4.3 定電流ステップ法における電流–時間変化(A)とそれに対して得られる電位–時間曲線（クロノポテンショグラム）(B)
定電流 i_1、i_2、i_3 および i_4 に対して、それぞれ遷移時間 τ_1、τ_2、τ_3 および τ_4 が相当する

ルク濃度 C_0^* に比例し、したがって定量分析への応用が可能となります。ここで、記号 $_0$ は Ox を示します。また、濃度が既知であれば拡散係数 D_0 の決定が可能となります。さらに、i や C_0^* を変えたときに $i\tau^{1/2}/C_0^*$（遷移時間定数、transition time constant）の値が変わるときには、電極反応は単純でなく、化学反応や、あるいはほかの影響が起こっていることを示唆しています。式(4.3)は、溶存化学種の単純な電極反応の際に得られる定電流下での電位–時間曲腺であります。

ここで紹介した Sand 式で表される電位–時間曲線は、電池の定電流下で得られる充放電曲線と形が似ていますが、充放電曲線の場合には下記のいくつかの事項が含まれていることに注意しなければなりません。

(1) レドックス反応は層状化合物へのインターカレーション反応である
(2) 固相レドックス反応に対するセル電圧 E に活性層内で生じる引力・斥力の相互作用を考慮する
(3) 固体粒子から構成され活性層内ではリチウムイオンの拡散係数値は一定値ではなく、レドックス種の分率、粒子表面処理、粒子サイズと形状などで変化する

(4) 各粒子および活性層内でのリチウム挿入分布状態は均一ではない
(5) 前述のように出力電位には固体反応特有のヒステリシス現象がある

以上を考慮しなければならないことから、単純に電気化学的な拡散方程式を解いた解から得られた曲線とはなりません。

4.3.3 パルス過渡応答の規格化

ここでは、筆者らが開発してきた手法の一部を紹介します。

測定時の温度（T）、パルスの大きさ、パルス幅（τ）について、異なる測定条件下で統一した評価ができるように、パルス印加前後の電流値と電圧の過渡応答値から計算した過渡抵抗関数を用います。パルス印加直前の電圧を E_0、電流を I_0 として、パルス印加後の経過時間 t における電圧値と電流値の変化分を、それぞれ $v(t)$ および $u(t)$ で表すと、式（4.4）となります。

図4.4では、定電流パルス $u(t)$ の印加する様式は、以下の2通りとなります[10]。

(1) パルス ON 領域（$0 < t < \tau$）

$$u(t) = I(t) - I_0$$

$$v(t) = E(t) - E_0 \qquad \mathrm{ATRF}(t) = \frac{E(t) - E_0}{I(t) - I_0}$$

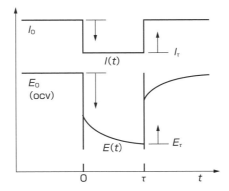

図4.4　電流パルス波形および電圧過渡応答波形

第4章　電池特性の評価

(2)パルス OFF 領域(t＞τ)

$$u(t-\tau) = I(t-\tau) - I_\tau$$

$$v(t-\tau) = E(t-\tau) - E_\tau \qquad \mathrm{ATRF}(t-\tau) = \frac{E(t)-E_\tau}{I(t)-I_\tau} \qquad (4.4)$$

ここで、オームの法則にしたがって $v(t)/u(t)$ を取ると、時間 t における瞬間抵抗値を算出できます。この瞬間抵抗値を「見かけの過渡抵抗値」（Apparent Transient Resistance Function）と命名し、その関数を $\mathrm{ATRF}(t)$ と書くと、式 (4.5) のようになります（ただし、$R_7 = R_{\mathrm{int}}$ とします）。$\mathrm{ATRF}(t)$ 値は規格化により、パルス実験条件によらず1本の解析曲線として観察されることが特長となります。

$$\mathrm{ATRF}(t) = \frac{v(t)}{u(t)} = R_0 + R_1 e^{-\frac{R_1 t}{L_1}} + \sum_{n=2}^{5} R_i \left(1 - e^{\frac{t}{R_n C_n}}\right)$$

$$+ kW_6 t^{\frac{1}{2}} + R_{\mathrm{int}} \left(1 - e^{-\frac{t}{R_{\mathrm{int}} C_{\mathrm{int}}}}\right) \qquad (4.5)$$

また、上式の W は Cottrell 式から $1/\sqrt{t}$ に対して線形な関係を持つ関数形を示すことが知られています（式 (4.1) 参照）。その係数は交流インピーダンス理論の関係式が表す定数と P. Delahay らの初期の CP に関する研究成果を結びつけて $\sqrt{(8/\pi)}$（$\cong 1.596$）と一応は算出できますが、この値は液体系のハーフセルでの電気化学理論に基づくものであり、フルセルで固体型に近い実電池に対しては実験的に検証しシミュレーション等により決定する必要があります。

さらに、印加パルスが幅 τ で遮断された場合に、$\mathrm{ATRF}(t)$ は式 (4.6) のように変換することによって、パルス遮断領域にまで $\mathrm{ATRF}(t)$ 解析式を拡張して適用することが可能です。このパルス電流 OFF の領域 $(t＞\tau)$ に対しては、$(t-\tau)$ を t' と置き換えると、ワールブルク項を含まない式 (4.6) の同じ関数型で表現できます。

$$\mathrm{ATRF}(t') = R_0 + R_1 e^{-\frac{R_1 t'}{L_1}} + \sum_{n=2}^{5} R_i \left(1 - e^{\frac{t'}{R_n C_n}}\right) + R_{\mathrm{int}} \left(1 - e^{\frac{t'}{R_{\mathrm{int}} C_{\mathrm{int}}}}\right)$$

$$(4.6)$$

図 4.2 に示した等価回路に定電流パルス $u(t)$ を印加した場合、その電圧応答

4.3 直流評価法

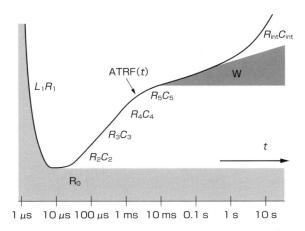

図 4.5　見かけの過渡抵抗値 ATRF(t) の対数時間に対するプロファイル

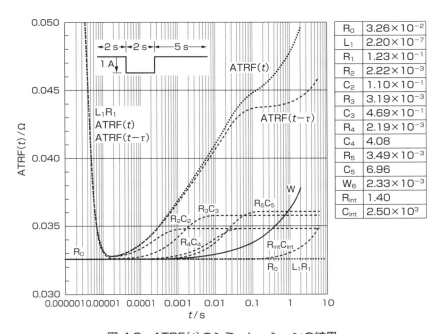

図 4.6　ATRF(t) のシミュレーションの結果

パルス幅 2 s、波高 1 A のパルスに対する過渡応答を模擬した実験結果。ただし、等価回路の各種パラメータ値として表の交流インピーダンス測定値を使用。また、W の係数 k には 1.6 を使用

第 4 章　電池特性の評価

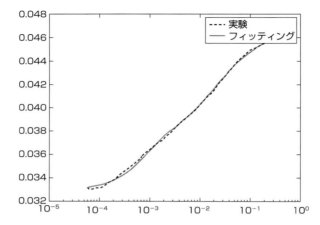

図 4.7　ATRF プロットでの等価回路パラメータフィッティング
（18650 円筒型三元系金属酸化物正極系 LIB）
CP のシミュレーションおよび実測 ATRF プロットの結果

変化 $v(t)$ は電気電子回路理論から、式（4.5）や式（4.6）のような各要素からの応答電圧変化の総和として表現できることを、概念図として図 4.5 に描写しています[10]。こうして対数時間軸上に展開して眺めてみると、各要素素子ブロックの時定数により決まる時間領域で、ATRF 値を変化させていることが理解できます。

18650 型リチウムイオン二次電池の交流インピーダンス測定により求めた擬似等価回路の各要素パラメータの数値を式（4.5）と式（4.6）に代入して算出した ATRF(t) 値を時間に対してプロットし、図 4.6 に示しました。図中に等価回路の各要素が対数時間でどのように応答するのかも示しているように、時間軸上で分散して応答している様子がよくわかります。

汎用電池を用いた計測実験の一例を図 4.7 に示しています。パルス過渡応答の正規化曲線のフィッティングでは、E_0 の値はパルス印加直前の値、すなわちプレトリガー 500 点区間での線形性の近似値から求めています。パルス条件を変えて測定して得られたデータを正規化した場合、パルスの様式によらず一致していることから、この CP 解析法は有効であることがわかりました。

4.3 直流評価法

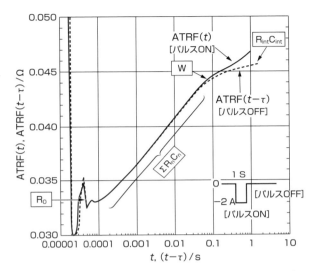

図 4.8 パルス幅 2 s、波高 1 A のパルス印加および遮断の様式での ATRF(t) の計測

汎用 18650 円筒型三元系金属酸化物正極/黒鉛負極系電池を使用。

また、この CP 解析法では、図 4.8 に示しますように、測定データのパルス ON 領域および OFF 領域に対して正規化曲線 ATRF を求めることが可能であり、両方の ATRF 曲線を解析することによって有効な電池情報が得られることがわかります。

まとめますと、パルス過渡応答測定データを ATRF 関数に変換して、それらの関数を対数時間に対してプロットし、カーブフィッティングすることで、容易に被検電池の内部状態の情報を短時間に取得できる方法であることがわかります。

(4.3 エンネット株式会社　小山昇、山口秀一郎)

4.4 交流インピーダンス法

4.4.1 測定法の原理・特徴

　交流法は、正弦波の電流あるいは電圧をセルに印加し、それに対する応答信号の振幅と位相のずれを検出する手法です。周波数を段階的に変えて印加し、インピーダンスと位相差を求めます[2]。直流分極成分にある微小交流成分を、周波数を変えながら重畳して、それを外部から電池系に印加して、出力のインピーダンススペクトル（AIS）を観察する交流インピーダンス法（FRA法と呼びます）が一般的です。

　交流法の特長は、交流という電気信号の時間変化に測定系の電気化学現象がいかに追随（応答）するかを調べることです。すなわち、交流インピーダンス測定は観測される交流応答の周波数依存性を調べて、観測対象の電気化学現象を解析することであります。観測された周波数特性を記述する手法には次の2つ、①周波数変化にともなう複素量の実数部と虚数部の相関を複素平面上に表記する複素平面プロット（Nyquistプロット）と呼ばれているもの、②周波数の対数を横軸に、縦軸にインピーダンス振幅あるいは位相差をプロットしたもの（Bode線図）が汎用されています。周波数変化にともなうこれらのプロットの軌跡（半円、直線、それらの重複など）に対して、等価回路に基づく測定

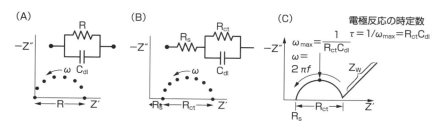

図4.9　等価回路とそのインピーダンス応答のNyquistプロット
（A)RとCの並列、(B)R_{ct}とC_{dl}との並列回路ブロックにR_sが連結、(C)図Bのランドルス型等価回路から得られる応答

4.4 交流インピーダンス法

データのカーブフィッティングを行うことにより、この等価回路の各素子の値を求めることができます。こうして、評価対象の電気化学反応系を電気回路素子の組み合せに置き換え、各素子と電気化学現象を対応させ、反応系の定性的・定量的解析に使うことができます。

　ここでは、まず理解を深めるために、単純な等価回路の例題として**図4.9**のランドルス型等価回路をあげ、Nyquist プロットがどのように変化するかの特長を以下に記載します[7]。図4.9A で示すように R と C との並列回路のときは、半円の軌跡を描き、ω が大きくなると原点に、ω が小さくなると横軸の R 値に収束します。図4.9B のように、R_{ct} と C_{dl} との並列回路ブロックに R_s が直列に連結した回路のときは、半円の軌跡を描き、ω が大きくなると横軸の R_s に、ω が小さくなると横軸の $R_s + R_{ct}$ 値に収束します。図4.9B で示すような構成回路図はランドルス型等価回路と呼ばれ、図4.9B で表された並列回路ブロックに Z_W のワールブルグインピーダンス（拡散インピーダンス）が連結した回路は、実電極反応の解析によく用いられるものです。ここで、ω が大きい場合には図4.9B と同じ半円となりますが、ω が小さくなると傾きが 45° の直線部分が現れます。この直線部分は電極反応が拡散律速となる場合に現れる軌跡です。すなわち、溶存化学種の反応の場合には反応化学種の酸化還元反応が可逆的に起こり、全電極反応が反応種の濃度勾配による拡散過程で律速されている場合となっています。

　電池反応では、電極活物質層内や電解質内でのリチウムイオンの拡散過程が全電極反応の律速となっている場合にあたります。ただし、この低周波数域のインピーダンス挙動は、電池反応ではかなり複雑です。なぜなら、すでに紹介してきたように、固体反応特有の因子すなわち、電位ヒステリシス現象が交流の±電気信号で誘起され、電池本来の容量に由来する微分容量の充放電の影響、拡散過程とその係数の不均一性の影響、さらに反応熱の影響が現れるからです。よって、計測・解析では、この低周波数域の挙動の解釈には注意が必要です。

　ランドルス型等価回路を用いた解析法の詳細は、テキスト[6]をご参照いただきたいですが、この場合のインピーダンス応答は下記の式で表されます。

$$Z = R_S + 1/(j\omega C_{dl} + (1/(R_{ct} + Z_w)))$$ (4.7)

第 4 章　電池特性の評価

計測データを用いて、式（4.7）のカーブフィッティングを行うと、等価回路を形成する素子の各パラメータ値を求めることができます。

4.4.2　計測・評価の際に考慮すべき事項

　ここでは、等価回路による解析に関して、いくつかの問題点を以下に指摘しておきます。

(1) まずは、2 電極式と 3 電極式との測定の端子数の違いについて記載します。これまで、AIS は実験室での電池材料開発の研究手段としてよく用いられてきましたが、この場合には、開発対象材料を動作電極、その対極および参照電極として金属リチウム箔を用いた 3 電極式のセル構成とした試験用セルを作製します。インピーダンス特性の計測では、電流応答と電圧応答を分離して測定するのが一般的です。3 電極式セルを用いると、調べたい動作電極のみのインピーダンス応答を他の応答と分離して調べることが可能となります。また、これらの試験用セルを作製するのに、実電池で使われている構成材料を利用することも可能であることから、実電池の劣化状態を正極と負極に分離してハーフセルで調べるのに有効な手法と考えられてきました。

　しかしながら、電池を構成する正極と負極では、それぞれ強い酸化力や還元力を持っているために、実セルを分解すると直ちに副反応を起こしてしまい、目的とした元のままの物理化学的情報を得ることは困難になります。また、使用中の電池の状態診断を行うためには、非破壊でセル内部の様相に関する情報を得なければならず、そのためのインピーダンス測定は、セルの正極と負極の端子を用いた 2 電極セルで行わざるを得ません。この場合には、観測されるAIS は両極の寄与を必ず含むことになることに注意が必要です。この計測では電流応答と電圧応答を完全に分離することは難しくなります。

　さらに、2 電極式セルのインピーダンス応答の解析評価では、正極と負極のそれぞれの擬似等価回路の直列接続とみなされるので、その応答が主に正極あるいは負極いずれの影響を受けているかを区別できない場合もあり、正極あるいは負極の個別インピーダンス特性の事前の把握が必要です。第 2 章で述べた

ように、現状で使用されている LIB の負極材料は、黒鉛、非黒鉛系炭素材料、チタン酸リチウムであり、正極材料は、三元系と呼ばれるニッケル・コバルト・マンガン酸リチウムなど、スピネル型マンガン酸リチウム、およびオリビン型リン酸鉄リチウムが主流となっています。したがって、これらの材料のインピーダンス特性の特徴を把握していれば、各種電池で得られるインピーダンス応答での両極の寄与に関するおおよその見積もりはできると判断されます。

(2) 次は、時定数 τ と呼ばれるパラメータについて記載します。図 4.9 のランドルス型等価回路から得られる Nyquist プロットの円弧の頂点を示す角速度 ω は、並列回路ブロックの R_{ct} と C_{dl} との積の値の逆数となります。

$$\omega_{max} = \frac{1}{R_{ct} C_{dl}} \tag{4.8}$$

R_{ct} と C_{dl} との積は時定数 τ と呼ばれ、ランドルス型等価回路での電極反応のパラメータの 1 つであり、ある反応系に固有な値を示します。

電池では、正極と負極とで、それぞれ異なった材料による異なった固有の反応が起こります。それぞれの擬似等価回路が直列に連結していると考えると、Nyquist プロットでは異なった時定数を持ち、かつ大きさの異なる 2 つの円弧が単純に加算的に合体した"コブ"が 2 つある軌跡が得られることになります。この時定数の値が 100 倍ほど違う場合には、滑らかな"コブ"が複数個観察されて 2 つの円弧の存在は目視でも容易に認識でき、両極のインピーダンス応答への寄与が視覚的に識別可能となります。しかしながら、両極の反応から得られる時定数の値が近い場合には、"コブ" 2 つは識別できず、滑らかな"コブ"が 1 つで円弧の潰れた"卵型"の軌跡が得られることになり、両極のインピーダンス応答への寄与の識別は困難となります。

(3) Nyquist プロットの半円と関わる CPE の係数について記載します。実際の測定系では、複素インピーダンスプロットは歪んだ半円がしばしば観察されます。これは、電流線分布の影響を半円の歪として観測されているためと推定されています。電極のラフネスなどに起因しているといわれていますが[6]、その原因の検証についての議論は現在も行われています。半円の歪（容量性半円の真円からのずれ）は、インピーダンスの周波数に対する応答が一様ではなくな

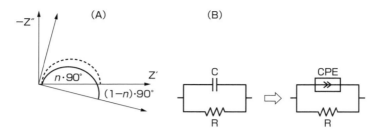

図4.10 インピーダンス応答のNyquistプロットへのCPEの導入

容量性半円の真円からの歪(A)とCPE(B)

る多孔性電極でのインピーダンスで観測されることが多いのです。歪んだ円弧は、容量性半円の中心が横軸（実軸）の下方にずれた軌跡となることが多くなっています（**図4.10**）。

この場合には、図4.9Aの等価回路を用いると、半円の歪を表すためのパラメータZ（CPE）は、定数Tと指数nからなる式（4.9）で表されます。

$$Z(\text{CPE}) = \frac{1}{T(j\omega)^n} \quad (4.9)$$

ここで、指数nは容量性の挙動により0～1.0までの値を取ります。nが1.0の場合には容量性半円は真円となり、定数TはCと等価となります。また、nの値が小さいほど、円弧が潰れることになります。

実測のインピーダンス応答のNyquistプロットでは、CPEの値を変えて、等価回路を選択してカーブフィッティングを行い、各種パラメータ値を求めることが一般的に行われています。ただし、電池の診断法として、このようなCPEを導入してカーブフィッティングを行うと、一見して実験と理論が合致したように見えますが、物理化学的意味が明確でないn値を可変にすることで、本来存在する現象を見過ごすこともあります。このことから、CPEを導入した取扱い手法は研究論文では多用されますが、電池の診断評価では未知の影響力の大きいパラメータを増やすことになる"安易な手法"となり、筆者の経験では、このパラメータを根拠なく使うことはお勧めできません。

4.4 交流インピーダンス法

(4) 実測の AIS では、高周波側に誘導性挙動が観測されます。すなわち、インピーダンス虚数成分の縦軸（$-Z''$ の値）がゼロ以下の値となる軌跡で表されます。この挙動はインダクタンス成分 L と関わることから、図 4.9B の等価回路にインダクタ L を直列に連結した等価回路を設定して、Nyquist プロットでカーブフィッティングを行います。実電池では、内部の電極自体も巻状態のものや折り畳み状のものなど形状が異なること、また結線の状態、端子の取り方などもインダクタンス成分と関わる成分であり、特に高周波側での応答にはこの因子の寄与に注意が必要です。この成分の寄与が大きすぎると R_s の評価が不正確になります。成分 L と関わる因子として、実験室では配線の取り方や接触点の錆、ポテンショスタットの応答の遅れなど、計測の外的因子にも注意が必要です。モジュールのインピーダンス計測では、構成電池の配線と接点の取り方により、電流応答と電圧応答との干渉、および L 成分の不安定さが表れることから注意が必要となります。また、使用されている配線の材料にも注意を払う必要があります。市販のモジュールや組電池の作製では、電池の劣化診断にまで注意を払って設計が行われているものは極めて少ないのが現状です。

(5) 低周波数領域のインピーダンス挙動については固体反応特有の因子を考慮することが必要であることは、前項で記載した通りです。

(6) 最後に、インピーダンス特性を電池の劣化評価に適応する際に考慮すべき、いくつかの残りの事項をまとめて概説しておきましょう。

　両電極上に形成される被膜（SEI）は、すでに述べているように、LIB の電解液/電極界面、すなわち、正極は強い酸化力を持つことから電解液との電気化学反応による酸化物の膜を正極界面に生成し、負極は強い還元力を持つことから電解液との電気化学反応による還元物の膜を負極界面に生成します。これらの生成膜は、SEI（Solid Electrolyte Interphase）と呼ばれています。この SEI の存在により、電解液の分解が抑制され、円滑な Li イオンの挿入や脱離が維持されるというメリットもありますが、充放電過程の繰り返しによりこの SEI は成長し変化します。このことにより、負極での金属リチウムの析出や層構造の変化、正極の金属イオンの溶解とその負極での析出、電解質のリチウムイオンを含んだ副反応によるリチウムイオンの減少などのデメリットもありま

第4章 電池特性の評価

す。よって、電池両極での抵抗やキャパシタ成分の擬似等価回路の構成因子値は変化することが予想されるので、SEIの存在と変化を等価回路上でどのように取り扱うべきか、検討が必要です。

さらに、実電池では、その電池の形状は、円筒型、プリズム型、プレート型など製造メーカーによって異なり、7.1.4項で述べているように、LIBは充放電により膨張収縮を繰り返すことから、充電深度（SOC）の違いにより電池内部で圧力変化が誘起されるので、電池構成の部材間の界面圧力が変化してインピーダンス特性に影響する可能性も否定できません。実電池でのインピーダンス応答にはその寄与も含まれていると推定できます。例えば実験室レベルで作製したラミネート平板型セルでは、ガスの発生による圧力変化も起こり電池特性に影響をおよぼすので、安定したAIS応答を得るためには、測定セルの両背中を挟み込んで最適の一定圧力に保つことが必要であります。

4.4.3 汎用電池のインピーダンススペクトル

未劣化電池と劣化電池（高温履歴、低温履歴）でのインピーダンス観測について、まず、海外の大手自動車メーカーのハイブリット車および電気自動車に搭載されている18650型LIB（海外の大手電池メーカー製造）の計測について紹介します。試験用モジュールは、18650型LIBセルを直列と並列に接続しています。交流インピーダンススペクトル（AIS）測定には、筆者らが開発した

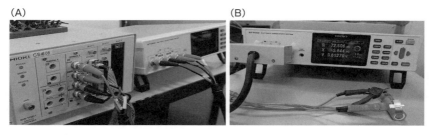

図4.11 多チャンネル化インピーダンス測定システム（A）とそのインピーダンス測定器（B）

4.4 交流インピーダンス法

前述の計測システムを用いてFFT法および従来のFRA法を併用しました。どちらのAIS測定においても、交流電流を信号源とし電池の交流電圧応答を測定する方式を用いています。電池のSOC変化がAIS測定に影響しないように、

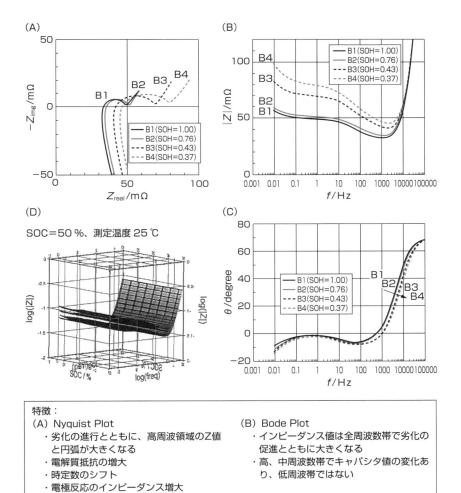

図4.12　低温下で充放電サイクルにより劣化した18650型セルのインピーダンス特性

第4章 電池特性の評価

交流電流には実効値が 0.10 から 1.0 mA cm^{-2}（電極面積）の正弦波およびその複合波形の電流を用いました。温度および SOC が同一の条件下で、FRA 法および FFT 法で AIS 測定を行い、その結果の比較を行いましたが、周波数領域 10 kHz～10 mHz で得られた周波数応答スペクトルに差がないことがわかりました。ここでは、多チャンネル入力測定システムを用いています。また、モジュールとその構成電池の諸特性を同時に計測できる多チャンネルでの充放電試験およびインピーダンス測定を行うための自動計測システムも開発しています。ここで得られた測定データを用いて、各温度での Nyquist プロットの 3D 表現化を行いました。低温下および高温下での充放電サイクルによって劣化した電

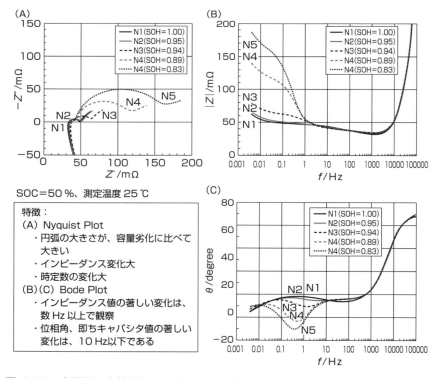

図4.13 高温下で充放電サイクルにより劣化した18650型セルのインピーダンス特性

4.4 交流インピーダンス法

池で得られた AIS の Nyquist プロット、Bode 線図、および結果の特徴を図4.12（SOH = 1.0, 0.76, 0.43, 0.37）と図4.13（SOH = 1.0, 0.95, 0.94, 0.89, 0.83）に示しました。

特性のデータベース（DB）化

電池の劣化現象とインピーダンス特性との相関性を明らかにするためには、系統的なインピーダンス特性データを取得し、そのデータベース（DB）を構築する必要があります。LIB のインピーダンス特性の測定を行う条件・環境を下記の通りとし、図4.14に示すデータベースを得ることとしました[7]。

1. 温度範囲（−25〜60 ℃）：例えば、−25, −15, −5, 0, 5, 15, 25, 35, 45, 60 ℃
2. SOC 範囲（100〜0 %）：例えば、100, 95, 90, 85, …, 5, (0) %（充電・放電方向）

この場合、図4.15 に示した手順で各劣化状態での測定（例えば少なくとも6状態）、および再現性チェック（例えば少なくとも4セル）から 5040 点の計測が必要となることがわかります。

なお、電池のインピーダンススペクトル解析には、7 から 8 桁の周波数レンジ（100 kHz〜1 mHz）におよぶ AIS 測定が必要です。FFT 法では、信号用の

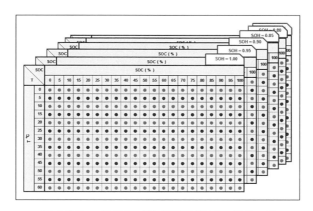

図 4.14　インピーダンス特性のデータベース

第4章 電池特性の評価

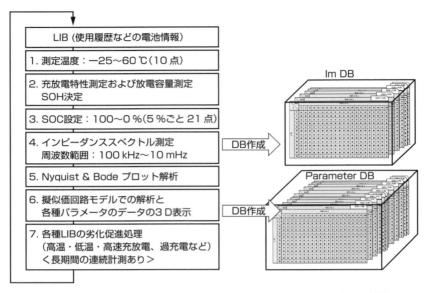

図4.15 劣化度との相関関係を明らかにするためのインピーダンス特性DBおよび解析された各パラメータ値DBの作成手順

複合波形の合成の困難さ、精度および離散化信号処理の制約などから周波数のダイナミックレンジを広くとることがこれまで困難でした。そのために、まず測定システムのダイナミックレンジを従来の4桁から5桁にまで拡張できるようにソフトウェアを改良しました。この測定では、測定レンジを一部重ね合わせるようにして、連続してAIS測定を行うことで、全体として8桁以上の周波数領域の測定が短時間できるように工夫しています。

3D（3次元）表現

充放電特性以外の電池性能であるインピーダンス特性の全体像を把握できるように、計測時にAISのNyquistプロット、Bode線図のプロットを迅速に表現するプログラムにして、設定温度下で、SOCをパラメータとして計測を行い、得られたデータの各種プロットを3D化しました。さらに、擬似的等価回路に基づき計算された各成分値と温度、SOCとを3軸として3D化、時定数と温度、

4.4 交流インピーダンス法

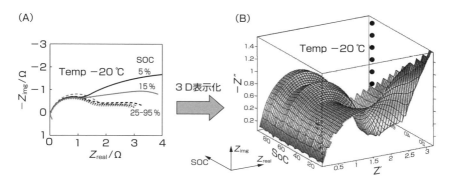

図4.16　Nyquistプロットの2次元図(A)と3次元図(B)
変化の大きな−20℃を例として

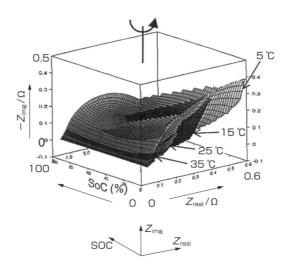

図4.17　5〜35℃でSOCを100%から0%まで変化させたときの車載用18650型LIBのNyquistプロットの3D表現

SOCを3軸とする3D化表現を行いました。

図4.16および図4.17には、正極に三元系金属酸化物と呼ばれる材料を使用した18650型LIBの初期状態におけるインピーダンス特性を示しています。これ

第4章　電池特性の評価

らのインピーダンス特性は 10 個の各電池でもほぼ同一の特性が得られ、その誤差は室温で±2％以内であり、再現性の良い結果でした。ここでは、個々の電池の充放電特性とインピーダンス特性を広い温度範囲と異なる SOC で計測し（各電池について 200〜399 点で測定）、正常および容量劣化電池の充放電特性とインピーダンス特性データの集積を行いました。各電池のインピーダンス計測は、SOC を 0〜100％まで 5％ごとに変え、温度を −25〜60℃（80℃の場合もあります）まで 5℃、または 10℃ごとに変えました。こうして、低温（−25℃）下で容量劣化した電池と高温下で劣化促進した電池のデータ集積を完了しました。温度一定で、SOC をパラメータとして、得られたすべての測定データの 3D 表示化を行うことができます。

　4.3 および 4.4 節の一部は、平成 26〜28 年度 NEDO の委託事業「新エネルギーベンチャー技術革新事業（燃料電池・蓄電池）/ 多重インピーダンス計測によるリチウム二次電池の安全性診断法の開発」[7] および、平成 29〜30 年度同委託事業「高速クロノポテンショグラムを用いたリチウム二次電池劣化度の機械学習的評価法の開発」の助成を受けて、エンネット株式会社で実施された成果[8]、[10] が記載されています。

（4.4　エンネット株式会社　小山昇、山口秀一郎）

文献

1 ）逢坂哲彌，小山昇，大坂武男「電気化学法─基礎測定マニュアル」講談社サイエンティフィク（1990）.

2 ）山口秀一郎，小山昇「インピーダンスの測定ノウハウとデータ解析の進め方」立花和宏監修，技術情報協会，p131（2009）.

3 ）K. Takano, K. Nozaki, Y. Saito, K. Kato, A. Negishi, Impedance Spectroscopy by Voltage-Step Chronoamperometry Using the Laplace Transform Method in a Lithium-Ion Battery, *J. Electrochem. Soc.*, 147 (3), 922 (2000).

4 ）K. Onda, M. Nakayama, K. Fukuda, K. Wakahara, T. Araki, Cell Impedance Measurement by Laplace Transformation of Charge or Discharge Current-

Voltage, *J. Electrochem. Soc.,* 153（6）, A1012（2006）.

5） 猿川知生，小山昇「リチウムイオン二次電池/材料の発熱挙動・劣化評価と試験方法」技術情報協会編，技術情報協会，p88（2011）.

6） C. Fleischer, W. Waag, H.-M. Heyn, D. U. Sauer, On-line adaptive battery impedance parameter and state estimation considering physical principles in reduced order equivalent circuit battery models: Part 1. Requirements, critical review of methods and modeling, *J. Power Sources,* 260, 276（2014）.

7） 小山昇，山口秀一郎「リチウムイオン二次電池の長期信頼性と性能の確保」小山昇監修，サイエンス＆テクノロジー，p138～165（2016）.

8） 山口秀一郎，小山昇，古館林，望月康正，大坂武男，松本太「高速パルス測定の正規化データを用いる電池状態評価法の検討 その1 交流インピーダンスから高速パルス測定へ」第59回電池討論会要旨集，2D01（2018）.

9） N. Oyama, S. Yamaguchi, Y. Nishiki, K. Tokuda, H. Matsuda, Fred C. Anson, Apparent diffusion coefficients for electroactive anions in coatings of protonated poly（4-vinylpiridine）on graphite electrodes, *J. Electroanal. Chem.,* 139, 371（1982）.

10） 小山昇，山口秀一郎，古館林，望月康正，大坂武男，松本太「高速パルス測定の正規化データを用いる電池状態評価法の検討 その2 汎用電池特性の機械学習的評価」第59回電池討論会要旨集，2D02（2018）.

第5章

性能の劣化

第5章 性能の劣化

5.1 劣化の諸因子

　LIB は、他の蓄電池と同様に、満充電状態下での容量値は使用状況や時間、および放置時間により、徐々に減少します。**図 5.1** に、LIB の使用による電池特性の一般的な経時変化を示します[1]。最近の市販電池では、20〜30 ℃前後の温和な環境での使用の場合、この満充電容量の値の減少は使用時間の平方根に従い、あるときを境にして使用時間に比例するようになります。約 5 年程度の使用で 10 % 程度の減少をともなうものが多く、このように、使用時間の平方根にしたがい満充電容量値が減少する電池は、安全な電池と言えます。この値が使用時間に比例するようになったら、寿命が近づいていると判断されます。

　ここで、容量値が減少する主な原因と考えられている SEI 被膜の定量的取扱いについて紹介します。次式で示されるように、SEI 被膜が常に同じメカニズムで成長し、その成長速度が被膜の厚みの逆数に比例するというものが、"1/2 乗則"または"ルート則"と呼ばれる LIB の代表的な劣化モデルの基になる考え方です[2],[3]。

　　　（SEI 被膜の成長速度）$= \mathrm{d}x/\mathrm{d}t = \mathrm{k}/x$

　この微分方程式を変形し $x\mathrm{d}x = k\mathrm{d}t$ の両辺を積分して $1/2x^2 = k \cdot t$ とし、整理すると $x = (2k \cdot t)^{1/2} = k' \cdot t^{1/2}$ になって、次式のように SEI 被膜の成長が試験時間の 1/2 乗に比例する式と、SEI 被膜の成長と不可逆容量の関係式が得られます。

　　　（SEI 被膜の厚み）$= x = k' \cdot t^{1/2}$

　　　（SEI 被膜に取り込まれる Li 量 ∝ 不可逆容量）$= x \cdot S \cdot c = k'' \cdot t^{1/2}$

　ここで、x は SEI 被膜の厚み、t は試験時間、k、k'、k'' は反応速度定数、S は SEI 被膜の底面積、c は SEI 被膜中の Li 濃度です。積分定数は省略してあります。また、試験時間 t を充放電サイクル数に置き換えて、$x = k' \cdot (\text{サイクル数})^{1/2}$ として扱う報告例もあります。

　従来、電池状態の劣化状態や充電状態判断のマーカーとして、内部抵抗、開回路電圧、動作時の出力電圧の変化などが用いられてきました。電池の劣化度

98

5.1 劣化の諸因子

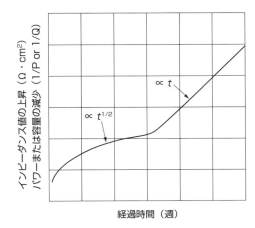

図5.1 LIBの容量劣化、インピーダンス増加、およびパワー衰退特性の経時変化（$t^{1/2}$ & t）

合い（劣化状態）を表す尺度として、単位放電電気量あたりの開回路電圧の変化量、満充電状態での開回路電圧値変化がしばしば用いられています。また、満充電容量の初期満充電容量に対する比が電池の健全度または劣化度と呼ばれて、劣化状態を表す指標と考えられてきました。

LIBの特性は、一般に充放電曲線で表現され、電池内部の欠陥や材料の経時変化により、満充電容量が徐々に減少する場合と、その劣化がある時に突然大きく変化し、動作不能な寿命となる場合があります。また、非常にまれではありますが、急な発熱や発火を引き起こすことがあります。この発火につながる主な原因の1つとして、リチウムのデンドライト生成とそれに起因する正・負極間でのショートがあげられます（図5.2）[4]。この劣化の様子は電池の外部から判定することは難しく、分解して内部を調べる以外、現状では有効な手段はありません。

LIBの劣化因子として、様々な因子が考えられます（図5.3）[5]。まず、電池作成時や使用初期において、電解質に含まれた水分と電解質陰イオンであるPF_6^-との反応、これにより生成したPF_5やHFと溶媒との反応、電解質と活物

第 5 章　性能の劣化

図 5.2　電池の低温下使用による負極表面上での
リチウム析出の観察（白い粉末）

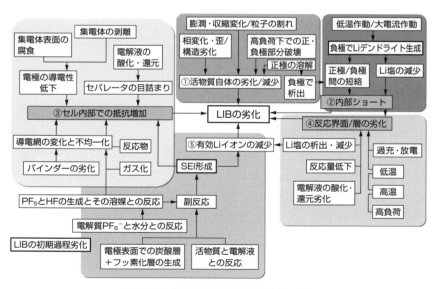

図 5.3　LIB 性能の劣化因子の一覧

質との反応、これらから副反応として電極表面での炭酸層やフッ化物層の生成、ガス発生が誘起されます。電池の使用と経時変化により、電極の活物質層に使用されている活物質自身の劣化と減少が起こります。充放電の繰り返しにより、粒子の膨張収縮変化による粒子の割れ、相変化や歪みによる構造劣化・破壊、正極活物質の溶解、その溶解物質の負極での析出、このことによる正極と負極との短絡、リチウムイオンの減少、低温作動/大電流作動による負極でのリチウムデンドライト生成、このことによるリチウムイオンの減少、および正極と負極との短絡、界面の劣化が誘起されます。また、集電体表面の腐食、集電体からの活物質の剥離、電極の導電性の低下、活物質層内の導電網の変化と不均一化、バインダーの劣化、セパレータの目詰まり、これらの変化によりセルの内部抵抗が増加します。使用条件によっては、過充電や過放電による活物質の反応量の低下、電解液の酸化・還元劣化、反応界面層の劣化など、多様な因子を容量劣化の原因として挙げることができます。

5.2　電極表面 SEI 被膜の構造解析・組成分析

5.2.1　SEI 被膜による劣化

　リチウムイオン二次電池（LIB）は民生、車載、定置など用途の多様化が進んでいく中で、様々な使用環境に応じ、要求される特性は広がり続けています。使用条件や使用方法が大きく異なる中で、LIB に生じる劣化には、容量、出力低下といった LIB の寿命に関するものが課題の 1 つとして挙げられます。LIB の劣化には保存劣化とサイクル劣化があります。保存劣化では主に負極で劣化が認められ、保存の期間や温度が容量低下と相関するといった報告があります[6]。一方、サイクル劣化では、正極活物質の破壊、負極活物質（黒鉛）の膨張収縮にともなう剥離、結晶性の低下等が報告されています[7]。

　負極での容量低下の一因として、負極活物質と電解液の界面反応で負極活物質表面に SEI と呼ばれる被膜が形成されることが挙げられます[8]。この SEI 被

第5章　性能の劣化

膜はジメチルカーボネート（DMC）、エチレンカーボネート（EC）などのカーボネート溶媒とヘキサフルオロリン酸リチウム（LiPF$_6$）などの電解質で構成される有機電解液が還元分解により、負極表面に生成される様々な構造の有機、無機リチウム塩化合物が複合化したものを示しています。SEI 被膜の役割は負極活物質表面での電解液の反応、分解の抑制です。LIB の性能向上のためにSEI 被膜の最適な化学構造と厚みの制御が求められ、これらを評価するために重要な分析手法を本節で解説します。ここでは保存劣化ならびにサイクル劣化の事例として単層ラミネートタイプの試作 LIB を用いた試験を実施し、容量劣化した負極に生成した SEI 被膜について各種分析手法を実施した事例を紹介します。

5.2.2　SEI 被膜分析における試料前処理と測定手法

　LIB に使用されている材料には、大気中の水分や酸素と反応性が高い化合物が使用されています。電解質として LiPF$_6$ がその例であり、LiPF$_6$ を大気中で取り扱うと、大気中の水分の影響で加水分解され、フッ化リチウムやリン酸、フルオロリン酸、リン酸塩などの変性成分が生成し、生成時にフッ酸（HF）が発生することが知られています[9]。

　そのため、分析する電極試料を大気中でサンプリングし、その試料で分析を行った場合、得られる情報には大気の影響による変化が含まれ、劣化による本質的な変化を見落としてしまいます。実際に LIB から取り出した負極について、大気に数秒間曝露させたものと非曝露のものについて XPS 測定を行い、フッ素およびリンの化学状態を比較しました。

　大気曝露した負極の表面は、電解質の変性成分（フッ化物や PO$_x$、PF$_x$O$_y$ 成分）の割合が増加していることが図 5.4 の XPS のデータからわかります。このことから、グローブボックス（アルゴンガス、露点 −70℃以下、酸素濃度 0.1 ppm 以下に管理）を活用して、大気非曝露で LIB を取り扱うことが必要不可欠となります。

　また、LIB を解体して取り出した電極には電解液（EC などのカーボネート

5.2 電極表面SEI被膜の構造解析・組成分析

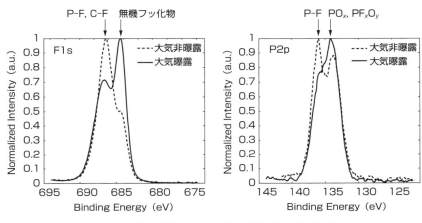

図5.4 大気曝露にともなう負極表面の組成変化

表5.1 SEI被膜の分析手法

分析箇所・領域	分析手法	得られる知見
合剤層表面	XPS、AES	構成元素とその化学状態、被膜の厚み
	TOF-SIMS	化合物種
	SEM(-EDX)、STEM(-EDX)	形態、合剤層内分布状態
合剤層全体 (合剤の抽出液)	AAS	全Li量(SEI被膜のLi、吸蔵Liなど)
	IC、CZE	無機成分の組成
	^{1}H NMR	有機成分の組成
合剤層全体	^{7}Li 固体NMR	Li化学状態(Li化合物の組成、金属Li量)

X線光電子分光法(X-ray Photoelectron Spectroscopy:XPS)
オージェ電子分光法(Auger Electron Spectroscopy:AES)
飛行時間型二次イオン質量分析法(Time-of-Flight Secondary Ion Mass Spectrometry:TOF-SIMS)
走査型電子顕微鏡(Scanning Electron Microscope:SEM)
エネルギー分散型X線分析(Energy Dispersive X-ray Spectrometry:EDX)
走査型透過電子顕微鏡(Scanning Transmission Electron Microscopy:STEM)
原子吸光法(Atomic Absorption Spectrometry:AAS)
イオンクロマトグラフィー(Ion Chromatography:IC)
キャピラリーゾーン電気泳動法(Capillary Zone. Electrophoresis:CZE)
核磁気共鳴(Nuclear Magnetic Resonance:NMR)

第5章　性能の劣化

成分、LiPF$_6$）が付着していると考えられますので、カーボネート系溶媒を使用して電極を洗浄処理する必要があり、洗浄処理においても大気非曝露環境での実施が望ましくなります。

SEI 被膜分析に用いる測定手法を**表5.1**に示します。SEI 被膜の組成、構造を精度高く分析するためには LIB の解体、電極洗浄から測定機器への搬送までを大気非曝露環境下で実施することが重要となります。

5.2.3　電極表面の SEI 被膜の分析事例

本項では加温、高電位で保存したフロート試験による保存試験、充放電を繰り返したサイクル試験を実施し、試験前後の試作 LIB を用いて、その LIB を解体し、取り出した負極表面に形成された SEI 被膜について、表面分析（XPS、TOF–SIMS）、また負極から採取した負極合剤の抽出分析（抽出液の NMR、IC、CZE および AAS）を実施した結果について述べます。

分析に使用した試作 LIB の詳細

保存試験、サイクル試験に使用した試作 LIB の詳細を**表5.2**に示しています。保存試験（フロート試験）については試作セルを 45℃ で加熱した状態で 4.4 V CV（Constant Voltage）充電で 2 週間保存しました（以降「4.4 V フロート」）。なお、比較対照試料は室温状態で 3.0 V CC（Constant Current）放電状態で 2 週間保存しました（以降、「3 V 保存」）。

サイクル試験については室温下で CC 充放電を 0.5 C（35.9 mA）、2.7～4.3 V、休止 10 分にて 500 回サイクル試験を実施し、比較対照試料はサイクル試験未実施のものとしました。上記 2 種類の耐久試験（保存試験、サイクル試験）後の容量を測定し、比較対照セルと比較した結果、両試験とも充放電サイクルにともなう容量低下が認められ、劣化が進行している可能性が示唆されました。

次に、単極での劣化程度を確認する目的で、耐久試験後および比較対照のセルを解体し、電極を取り出し、対極に金属 Li を用いてハーフセルを作製し、放電容量測定を行いました。得られた正極、負極の放電曲線を**図5.5**と**図5.6**に示

104

5.2 電極表面 SEI 被膜の構造解析・組成分析

表 5.2 耐久試験に使用した試作セルの構成

試験条件		保存試験（フロート）	サイクル試験（500 回サイクル）
正極	活物質	$LiNi_{0.5}Mn_{0.3}Co_{0.2}O_2$（NMC532）（92 質量%）	$LiCoO_2$（LCO）（97 質量%）
	バインダー	ポリビニリデンフロライド（PVDF）（3 質量%）	PVDF（1.2 質量%）
	導電助剤	カーボン（5 質量%）	カーボン（1.8 質量%）
負極	活物質	天然黒鉛	人造黒鉛（92 質量%）SiO（5 質量%）
電解液	バインダー	スチレン–ブタジエン共重合体（SBR）（1 質量%）カルボキシメチルセルロース（CMC）（1 質量%）	SBR（1.5 質量%）CMC（1.5 質量%）
	溶剤	エチレンカーボネート（EC）ジエチルカーボネート（DEC）（EC/DEC＝1/1(容積比)）	EC、DEC（EC/DEC＝1/1(容積比)）
	電解質	ヘキサフルオロリン酸リチウム（$LiPF_6$）（1 mol L^{-1}）	$LiPF_6$（1 mol L^{-1}）
	添加剤	ビニレンカーボネート（VC）（2 質量%）	VC（2 質量%）
セパレータ		ポリエチレン製微多孔膜	ポリエチレン製微多孔膜
設計容量、セル型式		30 mAh、単層ラミネート型	72 mAh、単層ラミネート型

します。正極、負極ともに耐久試験（保存試験、サイクル試験）にともなう容量低下が生じていましたが、特に負極の方で両試験とも容量低下は大きいことが確認されました。よってこれら耐久試験による容量低下は、主に負極の劣化に起因することが推察されます。

表面分析による SEI 被膜の構造解析

　負極表層の SEI 被膜に対し、XPS では元素組成や元素の化学状態、TOF-SIMS では化合物の部分構造（化合物種）に関する情報を得ることができます。いずれも試料間で相対的に比較し、構造変化を評価する目的で実施することが多い手法です。

第 5 章　性能の劣化

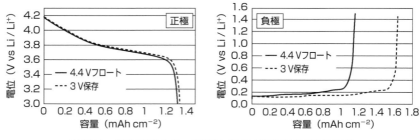

図 5.5　保存試験セル、正極と負極の単極容量測定結果

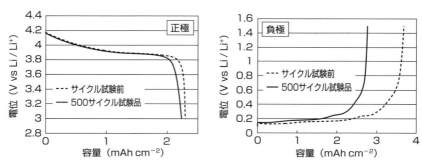

図 5.6　サイクル試験セル、正極と負極の単極容量測定結果

　XPS と TOF-SIMS 分析を併用した負極表面の SEI 被膜の構造解析結果を図 5.7 に示します。保存試験、サイクル試験による耐久試験にともない、炭酸リチウム（溶媒由来の変性物）やリン酸、フルオロリン酸（PO_3^-，$PF_2O_2^-$）（電解質由来の変性成分）などが増加する傾向が見られました。図中の活物質濃度とは負極活物質（黒鉛）の露出度に反映するパラメータであり、このデータから SEI の厚みを相対的に評価できます。保存試験においては、4.4 V フロート品では黒鉛の露出が全く認められていないことから、SEI にてほぼ完全に被覆された状態であると推定されました。一方、サイクル試験品では 500 サイクル試験後はわずかに黒鉛の露出が見られました。
　両試験とも試験前より試験後で炭酸塩、リン酸塩は増加、黒鉛の露出度は減少していることから耐久試験にともない SEI 被膜厚みは増加していることがわ

5.2 電極表面 SEI 被膜の構造解析・組成分析

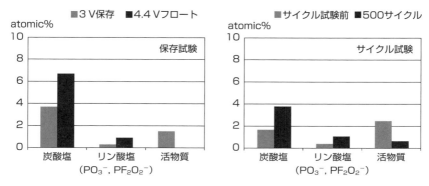

図 5.7 XPS と TOF-SIMS による負極表面の構造解析結果

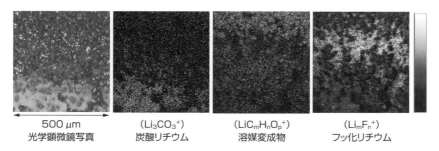

図 5.8 TOF-SIMS を用いた SEI 被膜のイオン像の例（市販 LIB の負極）（口絵参照）

かりました。

なお、SEI 被膜の厚みを定量化して解析する手法として、アルゴンイオンエッチングを用いた XPS およびオージェ電子分光法（AES）が挙げられます。広範囲（10 μmφ～1 mmφ）領域に対しては XPS を、活物質1粒子といった局所な領域に対しては AES を、それぞれ分析したい領域に応じて使い分けています[10]。

また、TOF-SIMS におけるイオン像を用いた分布解析により、SEI 被膜の化学構造に対応したイオンで、面内での SEI 被膜の分布状態を把握することができます。図5.8に市販電池の負極表面の SEI 被膜を化学構造別に評価した事例

第5章　性能の劣化

を掲載しています。TOF-SIMSでは数センチメートル角サイズと非常に広範囲な領域でイオン像を取得でき、よりバルク的なアプローチとして有用です。

抽出分析による SEI の組成分析

　負極合剤層全体に形成された SEI 被膜をより定量的に評価する手法として、抽出分析が挙げられます。抽出分析は負極合剤に付着した電解液成分を洗浄除去し、洗浄後の負極合剤を水および重水を用いて抽出し、SEI 被膜を水溶液とします。この水溶液について、カーボネート溶媒（EC、DEC）由来の SEI 被膜（エチレングリコール骨格、アルコキシ基）の定性、定量に ^{1}H NMR を、炭酸塩の定量に CZE を、それぞれ用います。LiPF$_6$ など電解質由来の SEI 被膜（LiF、リン酸塩）の定性、定量には IC を用います。保存試験・サイクル試験の試験前、試験後の負極に対し、上記の分析を実施し、比較した結果を図 5.9 に示しました。

　カーボネート溶媒由来の SEI 被膜として炭酸リチウム由来の炭酸イオン、電解質由来では LiF 由来のフッ化物イオンがそれぞれ主成分として検出され、いずれも試験前より試験後で増加した傾向が見られました。さらに、^{7}Li 固体NMR による Li の化学状態解析を併用すると、上記手法で分析できなかった酸化リチウム、金属リチウムに対する含有量も推定できます[11]。

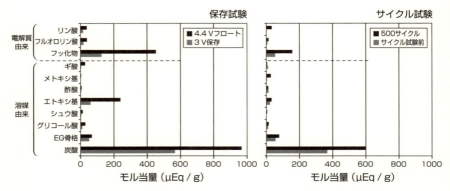

図 5.9　抽出分析における SEI のアニオン、有機酸の組成結果

5.2 電極表面 SEI 被膜の構造解析・組成分析

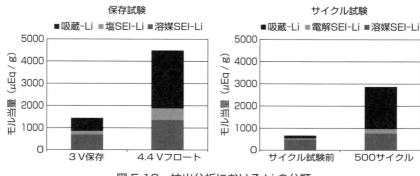

図 5.10 抽出分析における Li の分類

以上の SEI 被膜の組成分析結果より SEI 被膜の成分は各水準とも類似していることが確認され、抽出分析、表面分析ともに、保存、サイクル試験で増加する傾向が確認されました。溶媒、電解質の分解は加温高電位下、活物質の膨張収縮により、電解液や電解質の分解反応を引き起こす部位の増加と、それにともなう被膜形成の進行が推定されました。

SEI 被膜の水溶液を AAS で分析し、負極中の SEI 被膜由来 Li に負極活物質に吸蔵された Li を含めた Li 全量の定量分析も実施しています。Li 量とアニオン、有機酸で電荷収支を計算（分析値（質量濃度）をモル当量に換算）し、Li の内訳（溶媒、電解質由来の SEI および吸蔵 Li に分類）を算出した結果を図 5.10 に示しています。

この結果では特に活物質に吸蔵された Li（負極活物質内に取り囲まれ、放電しても正極へ移動が困難な Li）がサイクル試験後で大幅に増加していることが顕著でした。サイクル劣化における容量劣化は電解液の溶媒、電解質の変性による SEI の増加と、負極活物質内から正極へ移動が困難となった Li の増加の寄与も含まれることがわかります。

ESR による負極活物質の構造解析

前述の通り抽出分析による SEI 被膜定量分析で耐久試験後の負極活物質内の吸蔵 Li 量が多いことを推定しました。負極活物質内に Li が存在している場合、

活物質そのものの劣化が予想されるため、ESRで保存試験前後の負極活物質の構造解析を行いました。図5.11にESRスペクトルを示します。

ESRのピークはbroad成分とnarrow成分の2種類からなり、前者は活物質、後者は表面のSEIにそれぞれ由来します。

各ピーク強度から保存試験前の「3 V保存」、試験後の「4.4 Vフロート」ともに活物質由来のbroad成分が支配的であることがわかりました。またESRでは、温度変調測定から電子の環境ごとの定量値が得られ、キャリアと局在スピンの2種類のパラメータが取得できます[12]。ここではsp2不対電子に関するパラメータが取得できるキャリアより、負極活物質内のLi量を数値化しました。その結果、負極活物質内のLi量は「4.4 Vフロート」で約2質量%、「3 V保存」で約0.5質量%であり、その差は顕著でした。また、キャリアに関しては活物質の低結晶化の進行についても考察することができ、「4.4 Vフロート」の方で低結晶化の進行も可能性として挙げられました。以上のESRでの分析より、負極活物質内のLiの増加（負極活物質内から脱離が困難となった吸蔵Li）、活物質の結晶性の低下なども負極容量低下の一因として挙げられ、先述したSEI成長による劣化も踏まえると、負極容量低下の要因は複合的であると考えられ

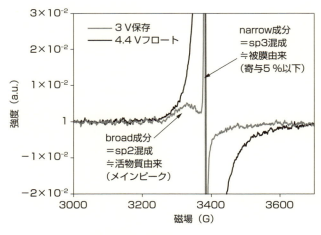

図5.11　ESRスペクトル

ます。

　本節では2種類の耐久試験（保存試験、サイクル試験）にともない、生成された SEI 被膜の分析について事例を用いて紹介しました。負極のサイクル劣化モードには SEI 被膜生成以外に、充放電による活物質の膨張収縮が繰り返されることで空隙領域増加による導電パスの切断なども挙げられ、これらを網羅的に分析しておくのが望ましいと考えます。また、単極容量試験で正極の劣化が認められた場合、解体して取り出した正極について X 線回折、ラマン分光、X 線吸収微細構造解析（XAFS）および STEM 観察に適用します。特に STEM 観察においてはわずかに容量が低下した正極においても、その活物質表面の結晶構造変化を nm レベルで観察、評価可能となり、正極劣化分析に有用な分析手法です。

　今後も LIB の高寿命、高安全性に向けた新規材料の開発が進められていく中で、様々な耐久試験モードにおいて、劣化状態、現象を高精度かつ高感度に分析する技術を提供できれば幸いです。

（5.2　株式会社東レリサーチセンター　森脇博文）

5.3　汎用電池の劣化評価と管理手法の特徴

　現在広く用いられている蓄電池の劣化診断では、組電池全体の内部抵抗の増大で評価する手法がとられています。また、電池の SOH や SOC についての評価には、それぞれについて出力電圧計測や電流積算法で推定するという直流法を用いています。これらの手法は、先に述べたように鉛蓄電池では大変有効な診断法であるものの、LIB では動作原理や構成材料が異なるために、LIB 診断には正しい方法ではないのですが、他の手法はなく、やむを得ず使用されているのが現状です（**表** 5.3 参照）。

　例えば、鉛蓄電池の劣化診断法として、上記のような直流抵抗値の計測による診断、あるいは、1 kHz のインピーダンス値とを組み合わせて評価する診断

第 5 章　性能の劣化

表 5.3　従来の電池の劣化評価と管理手法

1. 開回路状態の出力電圧（OCV）を計測
2. 試験電流を印加して出力電位の応答を計測
3. 使用電流の積分から SOC を評価
4. 固定周波数（1 kHz）の正弦波を印加してインピーダンス応答を計測
5. 動作時の温度計測
6. カルマンフィルターによる SOC 推定（OCV の観察から）

器は市販されていますが、LIB 診断に適用した場合には、診断確度は不十分な
ものです。なぜなら、LIB では、容量が劣化しても抵抗値がほとんど変化しな
い場合や、1 kHz の周波数帯域で得られるインピーダンス特性の値は、主に電
池内の電解質の抵抗変化を反映しており、電極である正極や負極の特性変化を
モニタリングしていないことが多いためです。正極や負極の抵抗値は電解質の
抵抗値と比べて 1 桁小さい値を持つため、電極の劣化による抵抗値の変化は観
測しにくくなります。また、電解質の抵抗値変化を観察できる場合には、電池
はかなり危険な状態にあることが多いのです。さらに、LIB は、構成する材料
によっても電池特性が大きく異なっており、そもそも構成材料、形、容量の異
なる LIB は、個々に別ものの電池であり、市販の電圧、電流、抵抗を計測する
テスターのような共通の診断器で、各電池の劣化度を計測することは不可能で
す。すなわち、電池の種類ごとの診断用アルゴリズムを搭載した診断器でなけ
ればなりません。その特性は、電池内部での化学現象を反映することから、動
作時の温度に大きく依存することがわかっているので、その温度補正も必要と
なります。

5.4　短絡

　本節では、LIB に関する "短絡" 現象のシグナルや安全性確保の諸対策に関
して記載することにします。LIB が、広く使用されるようになった 1990 年中期

112

5.4 短絡

から今日まで、LIBの市場トラブルや電池のリコールがしばしば報道されていて、その原因として、製造不良と説明されることが圧倒的に多くありました。これらのトラブルの中で、電池発火等ではその直接原因としては電池の内部短絡、特に充電中や過充電から内部短絡が起こったと説明されています。ただし、放電中あるいは保存中でもトラブルは起こっています。クレームの大半は、内部短絡による発熱、膨張、短寿命が占めています。

電池の劣化やトラブルは、ユーザーの使い方にも依存します。スマホやノートパソコンのようなモバイル機器では電池ユーザーの現実の使い方は様々であるために、電池劣化モードや安全度合いの変化を把握するのは難しいのが現状であります。また、電池の使い方を電子制御している電気自動車でも、ユーザーの使い方の自由度はかなり残されており、使用環境温度や使用者によって電池劣化の変化も異なってきます。長期に使用した電池のトラブル原因の解析からは、その原因が様々であることは分かっています。例えば、電池内部の構成部材品の材質の劣化、変形、腐食、はがれ等があります。また、鉄さびなど混入不純物の化学変化、電池からの電解液の漏れ、リード線の腐食なども安全性確保の重要な改良課題であります。

特に、LIBの弱点は加熱と過充電に弱いことです。

5.4.1 安全性の装備

リチウムイオン二次電池は現在、世界の年間生産量が50〜100億個程度であり、広く普及している製品となり、モバイル機器、電気自動車、発電用等、種々の工業製品に用いられています。その形状は円筒型、角型、平型のパウチなど多様であり、その容量も、単電池では小型（<5 Ah）、中型（5〜50 Ah程度）および大型電池（50 Ah以上）があり、また出力電位も単電池当たり2.1 V〜3.8 Vと幅広く、電池使用機器に応じて1本、あるいは複数を直列や並列に接続して最終使用形態であるパックやモジュール、組電池を構成して使用されています。

電池本体の安全性確保のためには、熱（温度）ヒューズ、内圧上昇で作動す

113

第5章　性能の劣化

る安全弁や電流遮断弁、ポリエチレン系セパレータ使用の場合には自己遮断の機能（約125℃の融点を越えると閉孔し電流を遮断する）等が採用されています。スマホなどのモバイル機器用電池パックや充電器には、温度検出、過充電防止、過放電防止、あるいは過大電流保護回路やヒューズ等の安全・保護対策が採用されています。モジュールや組電池では、その使用に際しては電圧、電流、温度等をモニターするバッテリーマネジメントシステム（BMS）またはユニット（BMU）と呼ばれるシステムが付属されています。ただし、これらの付属システムが誤作動した場合や正常作動していても防げない事象が起こったときに、電池は危険性に晒されることになります。また、製造不良、極端な誤使用、取り付け時のミス（落下や瞬時の外部短絡）あるいは設計不良があった場合には、トラブルを起こす可能性が生じます。

　製造不良は製造元が絶対に防がなければならない事象であり、車載用LIBの月産3000万個程度（組電池100本/台×自動車30万台/月）の電池製造生産ラインでは、不良率は0.05 ppmの高度な品質管理が要求されています。今後、さらに電池の大型化が進むと、単電池から電池パックに至るまで、すべての製造工程において一段レベルの高い品質管理の向上が必要とされます。しかしながら、国外で製造された品質管理が十分ではない電池が、国内でも広く使われるようになってきている現状があります。電池の特性の高性能化や大型化がさらに進むと、安全性が損なわれる可能性があります。

5.4.2　特殊釘刺し試験

　リチウムイオン二次電池の安全性基準には日本工業規格（JIS）の「携帯電子機器用リチウムイオン蓄電池の単電池及び組電池の安全性試験」（JIS C 8714、2007年11月12日制定）があります[5]。工業製品はこの国の安全性基準を満たさなければ販売ができないことになっています。特に注目すべき事項は過充電の防止で、充電電圧の値がメーカーの規定した上限値を超えた充電方式の禁止、低温および高温環境下での充電と放電電圧の上限と下限値の設定、電池セルの電圧管理等が記載されています。この基準制定の際に、市場トラブルの原因で

最も多い内部短絡に関する新しい試験方法が提案されました。これは、金属異物（材質も大きさも規定されている）を電極群の内部に挿入し、圧力をかけてセパレータを突き破り内部短絡を起こすものであります。金属釘を刺す試験法は、従来行われてきていましたが、事故の再現実験と考えられる試験方法であり、汎用性が高い方法として採用されました[5]。

図5.12 には、汎用電池の金属釘刺し試験の写真を示しています。烈しく燃えることからあらためてLIBセルはエネルギーの"缶詰"であることが分かります。LIB は、強力な酸化剤（正極活物質）、強力な還元剤（負極活物質）、低い引火点を有する有機溶媒系電解液から構成されており、イメージとしては消防法で混載禁止の危険物で構成されています。前記載の表2.2 に示したように、電解質の有機溶媒として、エチレンカーボネート（EC）等の環状カーボネート（高誘電率のエステル類）、ジエチルカーボネート（DEC）等の鎖状カーボネート（低粘度のエステル類）が使用されています。火種があるときに着火する温度を示す引火点（flash point）は、それぞれの溶媒で沸点と較べて 80～100℃も低い値であることから、燃焼の防止には火種の発生を抑えることが必要になります。電池が発火する基本的原因は何らかのトリガー（引き金）で電池温度が上昇し熱暴走に至ることであります。トリガーは外部短絡、内部短絡、落下

図5.12 10個連結した円筒型セルの釘刺し試験での発火の様子
ただし、難燃性といわれている構成材料を用いた汎用電池（4Ah）を用いている

第5章　性能の劣化

等、現実の使用では様々な事象が起こります。電池温度が上昇するといくつかの発熱反応が電池内部で起こり、電池温度はさらに上昇することになります。電池内で火種が生成すると、電解質溶媒は引火点を有するため室温でも延焼することになります。

5.4.3　内部短絡と充放電曲線

　クレームの大半は内部短絡による事象であることはすでに述べました。この事象が生じることを、電池の外部から早期に検知したり推定したりする方法を持つことは、大変重要なことであります。"内部短絡"が起きていることは、使用不能の状態になってわかることであり、その直前や事前の予想は極めて困難であります。

　まずは、内部短絡を引き起こす要因を概観しましょう。下記に、いくつかの要因を例に挙げてみます。

1. 金属リチウムの析出およびデンドライト発生による短絡。その誘起因子には、高レート（高電流）での充電プロセス、低温下の高電流での充電・放電の動作、過放電や過充電の動作などが考えられます。

2. 鉄さびの混入による酸化鉄粒子の還元による導電化による短絡[5]。鉄粉や鉄粒子の電極活物質への混入は、活物質の不純物としてのみならず電池の加工や製作中に入る可能性があります。特に、負極の塗工には水系バインダー（スチレンブタジエンラバー（SBR）/カルボキシメチルセルロース（CMC）/界面活性剤）を用いることからくる塗工機の錆、粉末の調整やスラリー作製時のステンレス鋼製容器や撹拌機、隣接の計器類の錆などによる可能性にも注意が必要です。一般に、汎用の鉄ニッケルメッキ材からは錆がかなり発生します。初期に混入した極微量の金属酸化物は、絶縁物のために検知が難しいですが、電池内部での充電・放電の動作で酸化物が還元されることにより導電化して集まり、かたまりとなって、これがセパレータの穴や破れ箇所を貫通することにより、正極と負極間との導通媒体となる可能性があります。

3. 端子付近での正極 Al 集電体と負極 Cu 集電体との短絡。これは、腐食やセパレータ、シール、集電体等の劣化によるものです。

正常な初期特性を示している電池でも、図5.3にすでに示したように長期間での使用により、正極や負極の電極上でのSEI層成長の促進、充電・放電の動作による電極の膨張収縮による"しわ"の生成、活物質の剥離、セパレータのピンホール、セル中のボイドなども短絡の要因となります。

内部短絡が生じた電池の充放電曲線を図5.13の実線で示しますが、ここでは満充電状態に近づくにつれて、出力電位は上下に振れていることがわかります。観測された出力電位は、短絡によって、ゼロの値に単調に向かうのではなく、瞬時に4.2Vを超えたり、マイナスの値を示したりする挙動を示すことは興味深いことです。

ここでは、時折、短絡を誘起している状態にあると推定できます。また、図5.13の異常セルの短絡状態がおさまり、その後に0.2Cレートの定電流で放電

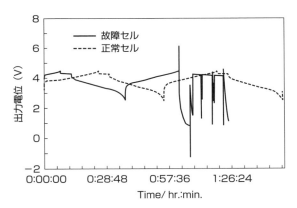

図 5.13 汎用で最新の円筒型LIB（容量は4 Ah、正極はNCA、負極は黒鉛を使用）に関する充放電特性

2.5Cレートで充電と放電を行って観測。ただし、充電は4.2Vカット、放電は2.5Vカットのモードとして、25℃で測定。電池セル複数個をサイクル劣化条件の履歴を持たせて測定したときに得られた出力電位の挙動を示す。点線カーブは正常セルの応答、実線カーブは異常セルの応答であり、充電した時の出力電圧の応答を示す

第 5 章　性能の劣化

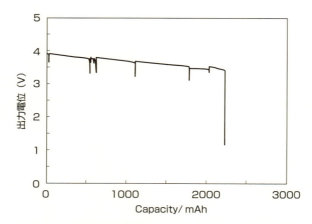

図 5.14　異常セルと推定されたセル（図 5.13）がその後の放置で充電が可能となったために満充電状態として、その後に 0.2 C レートで放電（実線）した際の出力電位の挙動を示すカーブ

した際の出力電位の挙動を**図 5.14** に示します。この場合にも、放電中に時折、小短絡を起こしている状態にあると推定できます。しかし、最終的には、出力電位のカーブはゼロ値に単調に向かい、充電ができなくなった完全な短絡状態となってしまっていることが分かります。外部からの電圧変動の常時観察は、短絡状態の観察の有力な手段となります。その他に、"短絡" による充放電時に発生する熱挙動の変化や電流密度分布の変化（ムラ）をリアルタイムで観察して画像処理する方法などが検討されています。

　電池の安全性を確保するための材料開発、性能改善や保護の手法、理論的考察など、様々な研究が行われています。電池材料の研究開発では、熱安定性の向上、難燃性の向上、内部短絡耐性の改善、過充電対策などが課題として挙げられており研究開発が進められています。

文献

1) I. Bloom, S. A. Jones, V. S. Battaglia, G. L. Henriksen, J. P. Christophersen, R. B. Wright, C. D. Ho, J. R. Belt, C. G. Motloch, Effect of cathode composition on capacity fade, impedance rise and power fade in high-power, lithium-ion cells, *J. Power Sources,* 124, 538 (2003).

2) H. Yoshida, N. Imamura, T. Inoue, K. Komada, Capacity loss mechanism of space lithium ion cells and its life estimation method, *Electrochemistry,* 71, 1018 (2003).

3) M. Broussely, S. Herreyre, P. Biensan, P. Kasztejna, K. Nechev, R. J. Staniewicz, Aging mechanism in Li ion cells and calendar life predictions, *J. Power Sources,* 97, 13 (2001).

4) 小山昇「リチウム二次電池の市場動向および開発動向」*WEB Journal,* アクトライエム, 11, 156 (2015).

5) 小山昇「リチウムイオン二次電池の長期信頼性と性能の確保」小山昇監修, サイエンス＆テクノロジー (2016).

6) P. Keil, S. F. Schuster, J. Wilhelm, J. Travi, A. Hauser, R. C. Karl, A. Jossen, Calendar Aging of Lithium-Ion Batteries: I. Impact of the Graphite Anode on Capacity Fade, *J. Electrochemical Soc.,* 63, A1872 (2016).

7) W. van Schalkwijk, B. Scrosati Eds., Advances in Lithium-Ion Batteries, Springer US, (2002).

8) K. Xu, Nonaqueous liquid electrolytes for lithium-based rechargeable batteries, *Chem. Rev.,* 104, 4303 (2004).

9) D. Aurbach, A. Zaban, Y. Ein-Eli, I. Weissman, O. Chusid, B. Markovsky, M. Levi, E. Levi, A. Schechter, E. Granot, Recent studies on the correlation between surface chemistry, morphology, three-dimensional structures and performance of Li and Li-C intercalation anodes in several important electrolyte systems, *J. Power Sources,* 68, 91 (1997).

10) 藤田学, 森脇博文「リチウムイオン電池 (LIB) の劣化評価について」, The TRC NEWS, 108, 37 (2009).

11) 森脇博文, 秋山毅「電解液分析、電極表面堆積物の抽出分析」, The TRC NEWS,

第 5 章　性能の劣化

117, 17（2013）.

12）山口陽司，沢井隆利「ESR による炭素材料の評価」，The TRC News, 201607-03
（2016）.

第6章

劣化および寿命の評価

第6章　劣化および寿命の評価

　表 6.1 に示すように電池の劣化度合い（劣化状態）を表す尺度として、単位放電電気量あたりの開回路電圧の変化量、満充電状態での開回路電圧値変化がしばしば用いられます。また、満充電容量の初期満充電容量に対する比が電池の健全度（SOH）または劣化を表すパラメータとして、劣化状態を表す指標と考えられてきました。パワー密度の減少などもその指標となってきました。LIB の特性は、一般に充放電曲線で表現され、電池内部の欠陥や材料の経時変化により、満充電容量が徐々に減少する場合と、その劣化があるときに突然大きく変化し、動作不能な寿命となる場合があります。この劣化の様子は電池の外部から判定することは難しく、有効な手段はないのが現状です。

表 6.1　現状の劣化度や寿命（State of Life、SOL）の評価法

1. 出力電圧の変化
2. 温度計測
3. 直流内部抵抗の変化
4. 電流または電圧パルス印加の過渡応答（開回路による過渡応答）
5. 開回路電圧の変化/単位放電電気量
6. 満充電下の開回路電圧の変化
7. 満充電容量/初期満充電容量（SOH）

6.1　電池特性変化のシミュレーション評価

　LIB は、モバイル機器用途では耐用年数が 2〜5 年であるのに対し、EV や定置用の電源では 10 年以上の寿命性能が要求されます。その一方で、10 年以上の寿命試験を行うことは、限られた製品開発期間内では現実的ではありません。

　それに対してコンピュータシミュレーションは実物を試作することなく電池の特性把握が可能であり、次世代蓄電池の開発を効率的に行うために必要不可欠な手法となっています。その内容は、電流密度や環境温度などの評価条件を変更した場合の充放電曲線の推定、電極内の反応分布、電流取り出し端子や参照電極の位置による影響、電池パック・モジュール内での許容バラつきや排熱

6.1 電池特性変化のシミュレーション評価

設計、安全性評価試験のシミュレーションなど多岐にわたります。本節ではLIBの理解に最も有用な充放電特性のシミュレーションに関して説明します。

6.1.1 電池特性シミュレーションの理論

LIBが開発されて間もない1990年代前半に、カリフォルニア大学バークレー校のNewman教授らが、多孔体電極の電気化学反応と電子・イオンの輸送理論に基づく電池の数理モデルを提案しました[1]。その成果は電池特性シミュレーションのソフトウェア（dualfoil）としてWebで公開・更新されており[2]、誰でも自由に利用できるようになっています。この電池特性シミュレーションでは、図6.1に示したように現実には3次元構造である多孔体電極やセパレータを、後述する曲路率などの近似法を導入することにより1次元モデルに抽象化して粗視化LIB構造として数値モデリング（モデルの定式化からプログラミングコードの生成までを含む一連の作業・工程）することで、電池の充放電挙動を予測し再現することができます。この取り扱いはNewmanモデル、多孔体電極モデルなどと呼ばれています。シミュレーションでは、充放電曲線のみなら

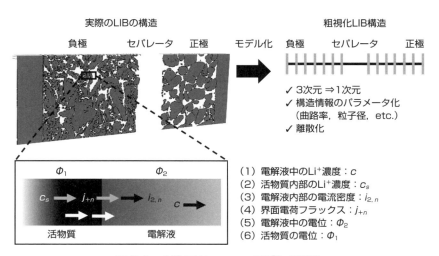

図6.1　1次元Newmanモデルの概略

第6章 劣化および寿命の評価

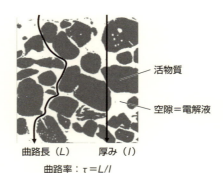

図6.2 多孔体電極構造と曲路率

ず固相と液相中の Li$^+$ 濃度分布や電圧・電流分布なども計算することができます。

電極の曲路率（τ：屈曲度ともいいます）は、**図6.2** に示すように電極の膜厚（l）に対する曲路の長さ（L：電極内部の空隙を通り表面から裏面に到達する距離）の比（L/l）で定義されます。電極やセパレータ内部の空隙構造の複雑さを示すパラメータとして用いられ、電解液中の Li$^+$ がどの程度遠回りするのかの指標になります。曲路率は Newman モデルにおいて次式のような有効拡散係数（D_{eff}）や有効イオン伝導率（κ_{eff}）を空隙率（ε）の関数として表すための Bruggeman 型近似[3]の形で使用されます。

$D_{eff} = \varepsilon/\tau \times D_{bulk} \approx \varepsilon^\beta D_{bulk}$、

$\kappa_{eff} = \varepsilon/\tau \times \kappa_{bulk} \approx \varepsilon^\beta \sigma_{bulk}$

　　ε：空隙率，D_{bulk}：バルクの電解液の Li$^+$ 拡散係数

　　κ_{bulk}：バルクの電解液のイオン伝導率，β：定数

Newman モデルは、電解液中の Li$^+$ 濃度分布（$c(x, t)$）、活物質中の Li$^+$ 濃度分布（$c_s(x, t)$）、電解液中の電流密度分布（$i_{2,n}(x, t)$）、界面電荷フラックス（j_{+n}）、電解液中の電位分布（$\Phi_2(x, t)$）、活物質の電位分布（$\Phi_1(x, t)$）の6つの変数について、次に示す6つの支配方程式を立て、時間を変数として含む偏微分方程式の形で定式化した数理モデルです。

6.1 電池特性変化のシミュレーション評価

① 物質移動1（電解液中 Li^+ 濃度変化）

$$\varepsilon \frac{\partial c}{\partial t} = \frac{\partial}{\partial x}\left\{D_{\text{eff}} \frac{\partial c}{\partial x}\right\} - \frac{i_{2,x}}{F}\frac{\partial t_0^+}{\partial x} + (1 - t_0^+)\frac{1}{F}\frac{\partial i_{2,x}}{\partial x}$$

② 物質移動2（活物質中 Li^+ 濃度変化）

$$\frac{\partial c_s}{\partial t} = D_s\left[\frac{\partial^2 c_s}{\partial r^2} + \frac{2}{r}\frac{\partial c_s}{\partial r}\right]$$

③ オームの法則1（電解液中）

$$\frac{i_{2,x}}{\kappa_{\text{eff}}} = -\frac{\partial \Phi_2}{\partial x} + \frac{RT}{F}(1 - t_0^+)\left\{\frac{1}{c} + \frac{\partial \ln f}{\partial c}\right\}\frac{\partial c}{\partial x}$$

④ オームの法則2（活物質内部）

$$\frac{\partial \Phi_1}{\partial x} = -\frac{I - i_{2,x}}{\sigma_{\text{eff}}}$$

⑤ 活物質 Li 挿入脱離反応（Butler–Volmer 式と過電圧）

$$j_{+n} = \frac{i_0}{F}\left[\exp\left\{\frac{\alpha_a F\eta}{RT}\right\} - \exp\left\{-\frac{\alpha_c F\eta}{RT}\right\}\right]$$

$$\eta = \Phi_1 - \Phi_2 - U(c_s) - Fj_{+n}R_f$$

⑥ 電解液–活物質界面の電流収支

$$Faj_{+n} = \frac{\partial i_{2,x}}{\partial x}$$

　シミュレーションの流れとしては、これらの式を連続的な位置座標と時間を不連続に区切る離散化という操作を経て連立差分方程式へ変形し、初期条件と境界条件を与えて数値計算により解を求めていきます。

　式中の記号はそれぞれ、c は電解液の Li^+ 濃度、t は時間、ε は空隙率、D_{eff} は電解液中の Li^+ の有効拡散係数、t^+ は Li^+ の輸率、x は電極厚み方向の座標、c_s は活物質中の Li^+ 濃度、D_s は活物質内の Li^+ の拡散係数、r は球状活物質の半径方向の座標、Φ_2 は電解液電位、i_2 は電解液電流、κ_{eff} は電解液の有効イオン伝導率、f は活量係数、I は全電流、Φ_1 は固体相電位、σ_{eff} は固体相の有効電子伝導率、j は界面電荷フラックス、i_0 は交換電流密度、α は移動係数、U は OCV、R は気体定数、T は絶対温度、F はファラデー定数、R_f は SEI などの膜抵抗、a

125

第6章 劣化および寿命の評価

は単位体積当たりの活物質表面積を示しています。また、各物性値に温度依存性を与えて評価することもできます。

Newman モデルに基づく電池特性シミュレータでは多岐にわたる物性値の入力が必要で、それらの値の精度がシミュレーションの精度に大きく影響します。物性値の中で高精度の値を実験で取得することが難しいものとしては、活物質内での Li$^+$ の拡散係数、交換電流密度、電極やセパレータの曲路率などがあります。それらはそれぞれ、単粒子測定、ターフェルプロット測定、対称セルを用いた交流インピーダンス測定などの様々な電気化学測定や画像解析などを駆使して値の取得が行われます。

現在も、様々な研究者から Newman モデルに対する修正や改良の提案がなされています。近年は、コンピュータの性能向上や商用ソフトウェアの登場もあり、1次元から2次元や3次元モデルへの拡張も盛んに検討されています。

また、サブミクロンスケールで電極構造を緻密にモデル化し電極の一部を切り取る形で計算が行われる場合や、逆に複数セルの電池パック・モジュール全体が計算の対象となることもあります。したがって、第一原理計算を用いた結晶構造変化の計算まで含めると電池の充放電シミュレーションは 10^{-10} m から1 m のマルチスケールで行われていることになります。さらに最近では、遺伝的アルゴリズムなどの人工知能（AI）を搭載してパラメータを最適化し、高性能な LIB 設計の指針を得る試みも行われています。

6.1.2 OCV 曲線と微分曲線（dV/dQ、dQ/dV）

Newman モデルシミュレーションでは、入力値として OCV 曲線を準備する必要があります。OCV は、開回路定常状態での端子電圧、つまり電流を流していないときの電圧のことです。これを実験で連続的な曲線として取得するには膨大な時間がかかります。実用的には、電極内で反応分布が生じにくい十分に薄い電極を用いて、オーム損を無視できるような 1/50 C 程度の小さな電流値で実測した充放電曲線を OCV 曲線として代用することができます。そのようにして測定した LiCoO$_2$ 正極と黒鉛負極の OCV 曲線とそれを微分（差分）した

126

6.1 電池特性変化のシミュレーション評価

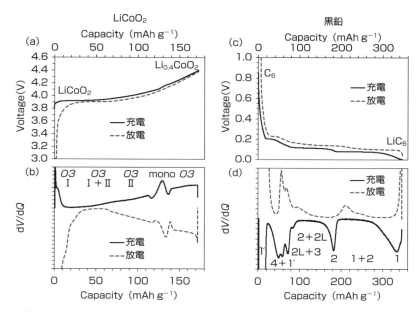

図 6.3 LiCoO₂ 正極の OCV 曲線 (a) と dV/dQ 曲線 (b)、黒鉛負極の OCV 曲線 (c) と dV/dQ 曲線 (d)

dV/dQ 曲線を図 6.3 に示します。図 6.3ab に示す LiCoO₂ 正極では、六方晶 ↔ 単斜相の相転移（結晶相の変化）にともなう電圧変動が 4.1〜4.2 V 付近に観察されます。図 6.3cd に示す黒鉛負極では、LiC$_x$ ($x \geq 18$) に当たる Stage1′、4、2L、3 とよばれるステージ構造の変化に対応する複雑な dV/dQ 曲線が見られます。

OCV 曲線の形状が充電と放電とで異なる場合がありますが、このヒステリシス現象の原因については、第 1 章と第 3 章に詳しい説明があります。

dV/dQ 曲線の分母と分子を入れ替えると dQ/dV 曲線と呼ばれるグラフが得られます。これは、非常に低い電位掃引速度で測定したサイクリックボルタモグラム (CV) とほぼ同じものになります。図 6.4a に LiCoO₂ 正極の dQ/dV 曲線を、図 6.4b にその CV を示しました。また、図 6.4c に黒鉛負極の dQ/dV 曲線を、図 6.4d にその CV を示しています。dV/dQ 曲線ではある単相の結晶状

第6章 劣化および寿命の評価

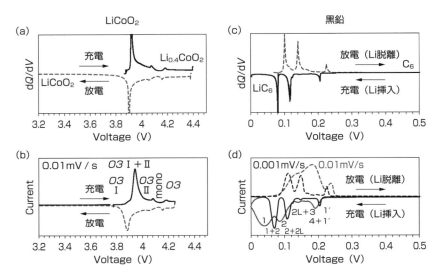

図 6.4　LiCoO₂ 正極の dQ/dV 曲線(a)と CV(b)、黒鉛負極の dQ/dV 曲線(c)と CV(d)

態がグラフのピークとして現れるのに対して、dQ/dV 曲線や CV では、ある単相の結晶状態から別の単相の結晶状態へ変化する間の電位が一定の値となる状態がピークとして現れます。この電位はプラトー電位と呼ばれます。LiCoO₂ 正極では充電初期の 3.9 V 付近で生じる二相共存反応と 4.1 V 付近で生じる六方晶から単斜相の相転移、4.2 V 付近にある単斜相から六方晶への相転移の計 3 本のピークが観察されます。また、黒鉛負極の場合は、充電（Li 挿入）が進行する順に Stage1′+4、2L+3、2+2L、1+2 の各ステージの二相共存状態がピークとして観察されます。

　プラトー電位が一定の値になる理由は、系の自由度を規定するギブスの相律の式で説明されます。

　　　　$F = C - P + 2$　　（F：系の示強変数の自由度、C：成分の数、P：相の数）

式中の定数 "2" は圧力と温度であり、LIB の場合は活物質が固体ですので圧力が一定と考えることができ、さらに温度も固定して考えると $F = C - P$ となります。C = 2 となる 2 元系で 2 相共存状態の場合 P = 2 なので、式は $F = 2 - 2$ に

なり自由度 F が 0 となりますので、電位（より正確には化学ポテンシャル）が一義的に確定します。これがプラトー電位になります。3 元系で組成が規定される擬 2 元系や、単相領域内で組成幅を有する場合についての説明はここでは省略しますが、熱力学や状態図に関する成書で確認することができます。

図 6.4 の dQ/dV 曲線と CV はそれぞれ 1/50 C の電流値と 0.01 mV s^{-1} の掃引速度で測定したものです。この測定条件では充放電 1 サイクルの測定にどちらも同程度の約 100 時間がかかっていますが、dQ/dV 曲線と CV でピーク形状が異なり、ピークトップの位置のシフトも見られます。dQ/dV でピーク形状がより明瞭になるのは、ある電位での反応がすべて終わってから次の電位に移るためです。それに対して、CV でピーク幅が広くなるという傾向があるのは、ある電位での反応がすべて終わらなくても強制的に電位が掃引されるためです。ですから、CV の掃引速度が遅くなるにしたがって dQ/dV 曲線のピーク形状に近づいていくことになります。図 4.6d には、より遅い 0.001 mV s^{-1} で測定した CV も示してありますので確認できます。CV は電気化学分野で最もよく用いられる測定方法の一つです。LIB 分野でも活物質のプラトー電位や相転移を調べる、あるいは、電解液や固体電解質の電気化学的安定性（電位窓）の評価、拡散係数の測定などの目的で広く用いられています。また、繰り返し測定時のピーク形状の変化を比較することで、電極や材料表面のエージング（新品から安定動作させるための工程。電池メーカーによって仕上げ、化成、CA（セルアクティベーション）など呼び方が色々あります）の効果を評価することにも使うことができます。CV については 1.5 および 4.3 項に詳しい解説があります。

6.1.3 電池特性変化シミュレーション

Newman モデルシミュレーションを活用した電池の劣化の分析法として、充放電曲線や dV/dQ 曲線を使って解析する手法があります[4)-6)]。

例えば、LiCoO$_2$ 正極や黒鉛負極などでは SOC に応じて結晶構造の相転移が生じ、それが図 6.3 のように明確な dV/dQ ピークとして検出されます。劣化前後のフルセルの dV/dQ 曲線を、予め用意した単極の dV/dQ 曲線でフィッティ

第6章 劣化および寿命の評価

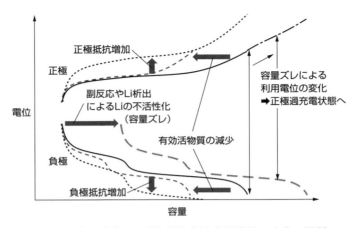

図 6.5　主な劣化モードと正負極充放電曲線の変化の関係

ング（最小二乗法を用いて実測データと計算値が重なるようにパラメータを調整する作業）することによって正負極を分離でき、それぞれの劣化状態の推定が可能となります。また、単極の OCV 曲線を用いて充放電曲線をフィッティングすれば、劣化による抵抗変化の情報も得ることができます。主な劣化モードと正負極充放電曲線の変化について、その関係を**図 6.5** に示します。劣化前後の充放電曲線の変化を解析の対象とする場合は、横軸方向のシフト量と収縮率、縦軸方向のシフト量が解析時のフィッティングパラメータになります。

　従来検討されてきた黒鉛負極の SEI 成長の 1/2 乗則モデルとサイクル劣化特性が漸近することを利用した寿命推定法から、それ以外の劣化原因のモデル化とそれに基づくサイクル劣化シミュレーションへの拡張が進んでいます。副反応にともなう正極と負極の使用容量領域のズレ（ここでは容量ズレと表記します）、活物質の膨張収縮による電極内の導電ネットワークの劣化・断裂による抵抗増加や容量減少、そのほか、前章で説明した各種の劣化要因を含め、様々な劣化因子がパラメータとしてシミュレーションへ取り込まれ、劣化解析に利用されています。

　充放電曲線や dV/dQ 曲線の実測データと Newman モデルを利用したサイクル劣化シミュレーションのデータを照らし合わせることで、電池内の挙動や劣

6.1 電池特性変化のシミュレーション評価

化メカニズムを推定することができます。さらに、劣化の進行速度を定量化することもできるので、電池の寿命予測にも利用することができます。

サイクル劣化シミュレーションの一例として $LiCoO_2$/黒鉛系で、活物質容量

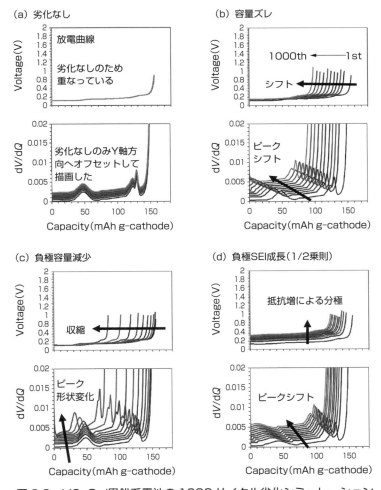

図 6.6　$LiCoO_2$/黒鉛系電池の 1000 サイクル劣化シミュレーション
(a)劣化なし、(b)容量ズレ、(c)負極容量減少、(d)負極 SEI 成長（1/2 乗則）、それぞれ 100 サイクルごとの負極放電曲線（上）と dV/dQ（下）

第6章 劣化および寿命の評価

の低下、容量ズレ、SEI 成長による抵抗増などの劣化を 1000 サイクルまで計算した結果を、劣化なしの計算結果と比較して図 6.6 に示します。劣化なし（図 6.6a）ではサイクルさせても放電曲線と dV/dQ が完全に重なるため、図中では dV/dQ をオフセットして表示しています。負極 SEI を 1/2 乗則で成長させて抵抗を増加させた場合、オーム損による負極の分極が見られ、dV/dQ シフトの挙動が負極の容量減少の場合とは異なる様子が観察できます。ここでは単純化のために劣化パラメータを単体で設定していますが、実際の劣化を再現するために同時並行で複数の劣化パラメータを設定する複雑な解析も可能です。

次に、実測された劣化状態と計算結果を比較してみます。図 6.7 に LiCoO$_2$/黒鉛系電池を 45 ℃雰囲気中、5 C 充放電の条件で 1000 サイクル繰り返した際の 100 サイクルごとの放電曲線とその dV/dQ 曲線を示します。ここでは LiCoO$_2$ の相転移ピークは動かず、黒鉛に起因するピークが劣化にともないシフトしています。この劣化モードは主に容量ズレのシミュレーション挙動に該当することがわかります（図 6.6b 参照）。

このようにシミュレーションでは種々の電池設計パラメータを任意に変更することができるため、電池の劣化原因の推定や電池の試作・評価以前の性能予測が可能であり、その結果として電池設計・開発期間の短縮化が図れることは大きなメリットです。

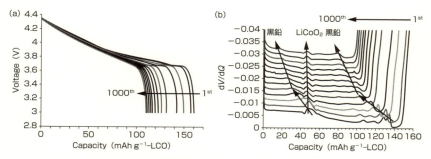

図 6.7　LiCoO$_2$/黒鉛系電池のサイクル劣化時の 100 サイクルごとの放電曲線(a)、dV/dQ 実測値(b)

6.1 電池特性変化のシミュレーション評価

6.1.4 電池内の反応分布の解析[7]

　Newmanモデルシミュレーションでは充放電曲線以外にも各種の計算結果を得ることが可能であり、その一例を**図6.8**に示します。実験で実測することが困難な活物質表面の電流密度や、電解液電位、電解液濃度などの分布を予測することができ、電極・電池の設計や充放電条件を変化させた場合の電池内部の挙動を定性的に理解するのに役立ちます。

　dV/dQのピーク幅の変化やシフト量には電極反応の不均一性に関する情報が含まれており、それを用いて電極内の反応分布を解析することもできます。図6.8の電極の厚さは一般的な仕様の60〜80 μmであり、活物質内Li$^+$濃度は、電極の厚み方向でほとんど傾斜がなくほぼ均一な分布です。これを150〜200 μmにして2.5倍程度の厚膜電極にしてみると、**図6.9**に示すように活物質内Li濃度と電解液中Li$^+$濃度が電極の厚み方向で大きく傾斜して不均一に分布することがわかります。このシミュレーションから電極を厚くしすぎると、電極厚

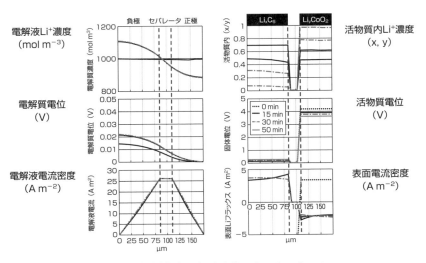

図6.8　各種分布の経時変化シミュレーション
電解液と活物質中のLi$^+$濃度、電位、電流密度

第6章 劣化および寿命の評価

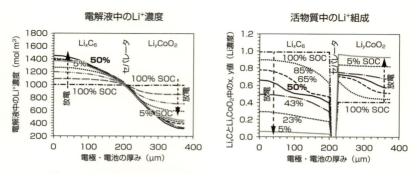

図 6.9　厚膜電極の厚み方向の Li$^+$ の分布（シミュレーション）

み方向の Li$^+$ の輸送が律速となって出力が得にくくなるということが理解できます。現実の厚膜電極でもこれと同様の挙動が観察されます。その一例として、7.1 節の図 7.1 と図 7.3 でそれぞれ厚膜の黒鉛負極と LiCoO$_2$ 正極の反応分布を可視化した電極断面写真と XRD パターンを紹介します。

　従来の LIB の劣化解析では、実際に充放電を行ってから電池を分解し、それを電気化学的・分光学的・熱的・機械的な様々な分析手法を駆使して多角的に評価・解析することを行ってきました。しかし、ここで示したように近年の電池シミュレーション技術の高度化にともない、シミュレーションによる劣化モードの解析や電池設計への応用が広がっています。また、マテリアルズ・インフォマティクス（MI、ビッグデータ解析による新材料の探索）の活用も始まっており、より高性能な電池の実現につながることが期待されます。

　6.1 節の一部は、NEDO プロジェクト「次世代蓄電池評価技術開発」の助成と「先進・革新蓄電池材料評価技術開発（第 1 期）」の委託を受けて LIBTEC により実施されました。

(6.1　LIBTEC　幸琢寛)

6.2 劣化判定

6.2.1 解析の最適擬似等価回路およびCPEの有無

　解析に最適な等価回路モデルを選定するために、LIB の電解液、正極、負極要素に対応するように、抵抗 R とリアクタンス L に複数の RC 並列回路ブロックを連結した回路を想定し、図 4.2 で示した R と C との並列回路を 2 から 6 個まで連結した擬似等価回路でのシミュレーション解析を、CPE の有無を含めて行っています。**図 6.10** からわかるように、RC 並列回路 2 個の等価回路モデル（R_RC2_W_L）の場合には、そのシミュレーションカーブは CPE を使用しないと実測値のカーブとフィットさせることができませんが、並列回路 4 個の等価回路モデル（R_RC4_W_L および R_RCPE4_W_L）では CPE の有無に拘わらず良好なフィッティングが可能でした。その結果、CPE パラメータを使用しない場合でも 4 個連結したモデル（RC4 段モデル）の適用で十分に等価回路モデルの解釈が可能であることがわかりました。すなわち、抵抗 R と CPE とが並列接続された回路ブロックモデルを用いなくても、インピーダンス特性に対してフィッティング誤差を小さくできることがわかりました（図 6.10DEF を参照）。この結果から、等価回路モデルの選定で、AIS の電池劣化診断への適用の可能性が高まり、またデータ処理と解析にかかる時間の短縮が可能になりました。

　したがって、劣化診断では、評価・解析に関する Nyquist プロットの最適な等価回路モデルには RC4 段モデルを用いることが最適であると結論しました。その解析には、前記の式（4.1）と（4.2）を使うことができます。

　筆者らは、RC4 段の擬似等価回路に対する回路パラメータを自動で求めることのできる最小二乗カーブフィッティング解析プログラムを開発しています。フィッティングソフトウェアの検証結果の一例を紹介しましょう。フィッティングソフトウェアの検証のため、**表 6.2** に示す未劣化の 26650 型 LIB セルで SOC＝50 ％で測定したインピーダンスデータを用いました。Nyquist プロット

第6章 劣化および寿命の評価

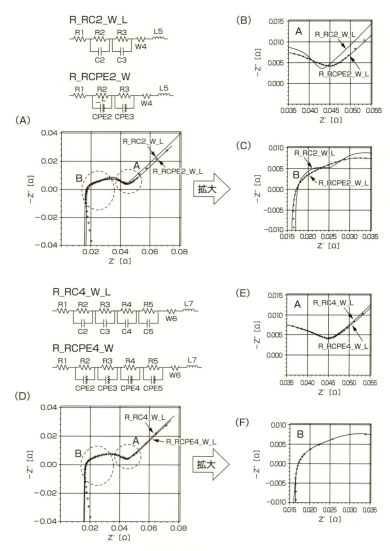

図6.10 劣化解析に関する最適な擬似等価回路モデルの選定
RC2段モデルと4段モデルのモデルを用いたNyquistプロットの最小二乗法カーブフィッティング結果の比較。図中の＋印は実験による測定データ点を表す

表6.2 等価回路パラ
メータ解析条件

Cell type	26650型
測定温度	25℃
SOC	50%
SOH（実験値）	1.0

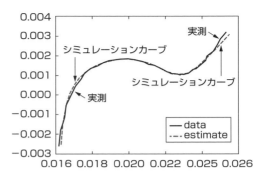

図6.11 Nyquistプロットでのフィッティング
26650型リン酸鉄リチウム正極LIBの25℃での計測データを使用

でのフィッティングの結果を**図6.11**に示しています。他社で販売されているソフトウェアとの比較も行っていますが、得られた結果からは、同等かそれ以上の精度が得られる優れたものであることがわかりました。

6.2.2 劣化によるインピーダンス特性変化

ここでは、黒鉛負極とリン酸鉄正極からなる市販LIBの劣化電池に関する容量劣化とインピーダンス特性変化との相関性について述べます。未劣化の電池、および低温下でのサイクルにより容量劣化度合いが約70％までの電池に関する測定と解析結果について紹介しましょう。**図6.12**には、インピーダンス特性から解析して得られた各パラメータの値を3D化した図を示しています。劣化電池から求められたR_1、R_2の値は、未劣化電池から得られた値と比べて、2つの値ともに増加し、キャパシタ値は劣化の進行とともに減少していることがわかりました。ただし、ここで用いられた各パラメータの添字の番号が、1と2は負極由来で3と4は正極由来だと限定的にいうようには、一義的には決められないという点に注意が必要です。

また、いくつかの等価回路の成分パラメータについては、その温度依存性を調べた結果、アレニウス式が成り立つことがわかり、数式化できました。また、

第6章 劣化および寿命の評価

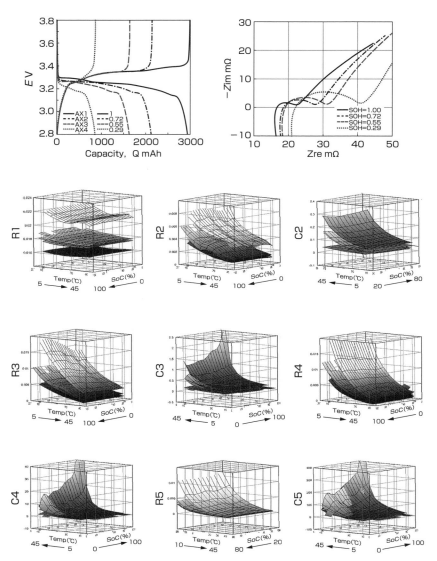

図 6.12　低温下での充放電サイクルによる劣化電池のインピーダンス特性および等価回路解析による各成分の温度と SOC の依存性に関する 3D 表現
26650 型リン酸鉄リチウム正極 LIB の 25 ℃での計測データを解析

該当する要素パラメータとSOH（高温および低温下での劣化）との相関関係が詳しく検討されました。劣化原因を明らかにするために、電極材料の化学分析も行われています。

　充電容量の減少度合い（劣化度）診断のために、等価回路の各成分パラメータとの相関性を表現する近似関数式を導出し、劣化度合いを簡単に診断・評価する手法が検討されています。低温での劣化促進後に高温劣化促進を受けた場合などの、劣化原因が異なると予想される新たな劣化条件でのインピーダンス計測に関する検討も行われています。一般にLIBでは、特に低温環境や大電流での充電により、負極でのリチウムデンドライト生成に由来する急激な発熱や発火を引き起こす危険性があるため、この現象の有無とその程度を診断するための判定基準の作成をターゲットに計測実験が行われています。その結果、リチウムのデンドライト生成に関する観察、リチウム金属析出、およびその成長による充放電特性の変化およびインピーダンス特性の変化の相関性がわかってきました。

　該当LIBを構成する正極および負極電極のインピーダンス特性を分離し、等価回路モデルに細分化して評価する研究も行われました。正および負極の各々のインピーダンス特性を把握するために、まず、グローブボックスの中で正常な電池および劣化した電池を解体し、正極、負極それぞれを取出し、任意の寸法（4.0 cm²）にカットして、対極にLi金属を用いた電池を作成し、正極/Li電池、および負極/Li電池の実験用ハーフセルを試作し、それぞれのインピーダンス特性が調べられました。こうして得られたインピーダンス特性を疑似等価回路の各成分の値に細分化し、正極由来、負極由来、電解質由来の抵抗値、それらのキャパシタ値、電極反応速度由来値、インダクタンス由来値の帰属が検討されました。測定結果の記載は省略しますが、低温下で劣化した電池の原因は、①負極に金属Liが析出していることから、充放電反応に必要なLi量が不足した（低温での充放電の影響）、②正極が劣化した（構造変化）、③Liがデンドライトとして負極表面に析出しているが、負極本体は劣化してはいないということがわかりました。

　　　　（6.2　エンネット株式会社　小山昇、山口秀一郎、古舘林）

第6章　劣化および寿命の評価

6.3　機械学習法による劣化診断

6.3.1　インピーダンス特性の使用

　筆者らが開発した劣化度診断法を紹介します。LIB の満充電時の容量特性の変化を、インピーダンス特性データベース（DB）に基づく機械学習手法のアルゴリズムから判断するという新しい方法です。すでに、いくつかの電池系に関する診断アルゴリズムを開発してきていますが、ここでは、黒鉛系負極とリン酸鉄リチウム正極からなる市販 LIB に関して、容量劣化とインピーダンス特性変化との相関性から劣化度を判断するアルゴリズムを適用した一例を示しますが、高温下での劣化および低温下での劣化の両方ともに好成績で劣化診断できることが明らかになりました。インピーダンス特性から健全度（SOH）を数値として算出する手法を検討し、これまで得られたすべての DB について機械学習した結果、実際の SOH 値の推定誤差が 5 ％以内の範囲に収まる割合は 95 ％でした。驚くべきことに高温下での劣化と低温下での劣化電池の診断を（容量劣化度が同じでも）同一の該当判定アルゴリズムで処理できることがわかりました。また、リチウムデンドライト生成の判定など、危険度を事前に判断できる可能性も見出しています。

　この劣化診断法をモジュールを構成する各電池について適用した例を下記に示します（**図6.13**）。インピーダンス測定による SOH 推定の検証には、新品（AX1）および低温劣化により容量（SOH）が 70 ％となった 26650 型セル（AX2）を用いました。図 6.13 の図中の表に示すように、25 ℃での充放電試験により求めた SOH＝0.70 に対して、インピーダンス測定値から推定した SOH 値は 0.708 となり、非常に近い推定が可能であることがわかりました[8]。

　このアルゴリズムは、同一電池であれば、劣化のパターンによらず診断が可能となるよう工夫されています[9]。いったん、測定対象電池について DB が作成できれば、対象 LIB の劣化度合いを、当社のアルゴリズムにより簡単なインピーダンス計測から定量的に評価できるという手法であるため、今後の汎用化

140

6.3 機械学習法による劣化診断

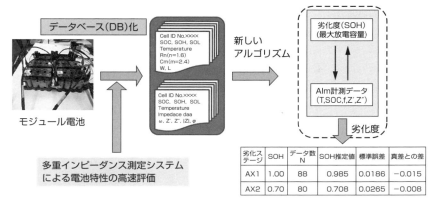

図 6.13　LIB インピーダンス DB をベースとした診断アルゴリズムを用いた劣化度評価のスキーム

に期待が寄せられています。

6.3.2　寿命推定

すでに、筆者らの研究開発から、LIB の SOH 値はインピーダンス測定により短時間に判定できることがわかりました。今後は、寿命に関するインピーダンス特性の DB（図 6.14）を構築し、類似のアルゴリズムの開発により、寿命パ

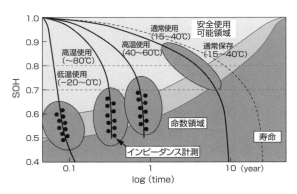

図 6.14　LIB インピーダンス DB の構築による劣化度と寿命の数値化

第6章 劣化および寿命の評価

ターンを確率的出力に基づいて分類するパターン分類手法を用いて電池寿命推定を行うことができると考えています。

6.3.3 パルス特性と評価用等価回路

SOCが同一状態でも充電と放電過程後の制御方向によりLIBのセル1個当たり数十ミリボルト（mV）の電位差が生じます。直流パルスの過渡応答にこの因子が含まれてくるので、この現象を考慮しなければ診断精度の向上は望めず、高精度の診断方法はこれまでなかったといっても過言ではありません。パルス法では前記のような、いわゆるヒステリシス現象の影響を最小化することが可能なパルス実験条件とデータ解析法を開発する必要があります。この際、パルス電流印加による熱変化の影響も軽減する必要があります。

まず、直流パルスの過渡応答（CP）の高精度な計測を実現するために、電位ヒステリシス現象および熱変化の影響を軽減する計測条件の設定を行うための実験的検討を行う必要があります。パルス幅（印加時間）、高さ（印加電流値）のパルス設定条件について18650円筒型ニッケル・コバルト・マンガン酸リチウム正極と黒鉛負極からなるLIB、および26650円筒型リン酸鉄リチウム正極と黒鉛負極からなるLIBに関する検討結果のいくつかについて記載しておきます。パルス幅が2秒と10秒で、印加電流値を2.00 A（0.67 C レート相当）としたパルス設定条件の結果です。この条件下では、充電や放電モードの同一方向にパルスを印加した場合に、印加終了後2分経過時の $E(0)$ 値の変化として1～2 mVの相違を観察しました（**図6.15**参照）。同一方向にパルスを印加した場合の $E(0)$ 値の挙動は、異なる電池系で測定された実験結果の挙動でも類似の結果でした。

次に、充電や放電モードを逆転させた逆方向にパルスを印加した場合に、印加を終了後1分経過時の $E(0)$ 値の変化として10 mV以上の相違が観察されました。**図6.15** は、電流パルス方向の反転を繰返し印加した場合のパルス印加終了60秒後のOCV値（$E(0)$）の変化です。この実験から、パルス方向により電圧は上下に振れ、かつその大きさはパルスの高さと幅に依存することがわかり

142

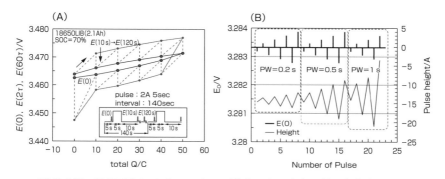

図 6.15　印加パルスのオン・オフの様式による出力電位 E(0) 値の変化
同一方向パルスのオン・オフ(A)、反対方向(反転)パルスのオン・オフおよび印加電流値依存性(B)

ました。この図によると、パルスの高さの電流値がレート2Cで、かつ1秒間のパルス印加により10 mV程度の振れが観測されました。そこで、印加パルスの高さ、すなわち電流値の大きさに関する電位メモリー効果および温度変化の影響について調べました。それぞれの印加電流値で得られたCP応答は式 (4.4) を用いて正規化データ (ATRF (t) 項) に変換し、得られたATRF曲線での重なり状態による同一性が保証される印加パルス条件を選定しています。

6.3.4　パルス特性を用いた機械学習的診断

　パルス法からの計測は、前述の図4.2のナイキストプロットのように、交流法の解析結果と較べると半円部は近似しているものの、両者の解析結果は一致していません。その原因は、パルス法および交流インピーダンス法で得られる計測データから、解析用等価回路(図4.2に示す)の R0_RCn ($n=5$)_W6_L1R1_Cint 成分への両測定法から得られたデータの精度に問題があることがわかりました。

　高速パルス法の測定データの解析・評価を行うために、筆者らが先に交流インピーダンス法を用いて開発した手法を応用したパルスによる評価法の開発を行いました。ここでは、解析用として両手法で共通の擬似等価回路を用いて、

第6章 劣化および寿命の評価

両測定法で得られた等価回路パラメータを用いて劣化診断のアルゴリズムを開発することとしました。

劣化度評価因子の選定では、機械学習法のカーネルモデルを入力ベクトルとして、インピーダンス特性のデータベース（DB）を用いた場合、そのインピーダンス特性から計算された等価回路パラメータのDBを用いた場合、および高速パルス法で得られたクロノポテンショグラムから計算された正規化データやその解析等価回路パラメータのDBを用いた場合のそれぞれの結果について検討を行い、本高速パルス法で最適で実用的な劣化度評価方法を選定することとしました（**図 6.16** と**図 6.17** を参照）。

本プログラムでは、相関モデルとしてカーネルモデルを使用しています。計

図 6.16　計算された等価回路パラメータの DB を用いた機械学習法による SOH 推定

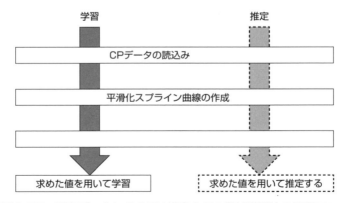

図 6.17　測定データから SOH 推定までの機械学習法の処理フロー

6.3 機械学習法による劣化診断

測で得られた等価回路パラメータならびに計測時の温度をカーネルモデルの入力とし、SOHを出力として教師あり学習を行います。カーネルモデルは求めるべきパラメータに関して線形となるため、最小二乗法を用いることで数値的に解が求まります。カーネルモデルの数式、および学習の計算式はここでは省略します。検討結果の一例として、等価回路パラメータとSOHとの相関モデルの学習ソフトウェアおよびSOH推定ソフトウェアのSOH推定プログラム実行時のユーザーインターフェイス画面を図6.18に示しています。これは、26650円筒型リン酸鉄リチウム正極系LIB（SOH；0.69）に関する過渡応答からの解析評価であり、SOH推定の実行結果の値は0.696でした。

その際、平均平方二乗誤差であるRMSEは0.011でした。電池のSOHを推定確度2％以内（診断時間は2秒以内）で劣化診断できる手法を確立できたと結論できます。

解析データ

Cell type	26650型
測定温度	25℃
SoC	60%
SOH(実験値)	0.69

プログラム実行結果

図6.18　SOH推定プログラム（ユーザーインターフェイス）

第6章 劣化および寿命の評価

表 6.3 パルス応答 CP を正規化した時系列データを用いた 機械学習的 SOH 推定の RMSE

18650 円筒型三元系金属酸化物正極系 LIB。SOH：1.00～0.600 で
高温劣化および低温劣化の履歴を持つ。温度：5～45℃、SOC：0.50。
評価データ 173、学習データ 174 個

適用領域	平均	最小値	最大値
電流印加	0.0114	0.00788	0.0254
電流遮断	0.0154	0.0102	0.0274

　診断対象電池を変えて、18650 型円筒型三元系金属酸化物正極系 LIB の高温
劣化および低温劣化に関する過渡応答からの評価結果を**表 6.3** に示します。
SOH を推定確度 2％以内（診断時間は 2 秒以内）で劣化診断ができていること
を見出してきました。

　ここでは、最新の情報工学の手法を適用した判定アルゴリズムを開発して、
電池の劣化・危険判定基準を確立しました[10]。筆者らは、この診断法の新しい
概念の普及、および該手法による DB サービスをスタートさせ、さらに、紹介
した診断機能を搭載した診断器を試作して展示で公開してきました[8]。

　6.2 および 6.3 節の一部は、それぞれ平成 26～28 年度 NEDO の委託事業「新
エネルギーベンチャー技術革新事業（燃料電池・蓄電池）/多重インピーダンス
計測によるリチウム二次電池の安全性診断法の開発」および、平成 29～30 年度
同委託事業「高速クロノポテンショグラムを用いたリチウム二次電池劣化度の
機械学習的評価法の開発」の助成を受けて、エンネット株式会社で実施された
成果が記載されています。

（6.3　エンネット株式会社　小山昇、山口秀一郎、古舘林）

6.4 リユースとリサイクル

6.4.1 市場

　長期間使用または貯蔵されてきた、使用済みと呼ばれるセルへの対処法は2つの選択肢、すなわちリユースとリサイクルがあります（**図6.19**）。リサイクル（再生利用）とは、セルを分解してコバルトなどの化学成分を回収することです。一方、リユース（再利用）は、短期的にはるかに実用的な代替手段で、故障セルを特定して交換し、セルを長期間にわたって使用すること、すなわち寿命ぎりぎりまで長く使用することです。このような中古セル市場では、使用済みセルをさらに用途を変えて使用するか、廃棄するかの基準がないために、リユースの認証基準の設定に強いニーズがあります。しかしながら、使用済みセルの品質の保証、異常反応の予測を、セルの使用現場で判定できる簡便な装置や手法がないのが現状であり、誰もが、使用済みセルの安全性を科学的・技術的に保証できない状況にあります。

　電気自動車（EVやBEVと略称）の世界市場は、2010年末に発売された日産自動車のEV「LEAF」や三菱自動車工業のEV「i-MiEV」が牽引し、2011年には約1100億円となり、その後に急拡大し、今日の数兆円に至る市場が立ち上がってきました。2010年代前半の5年間は、車載向けリチウムイオン二次電

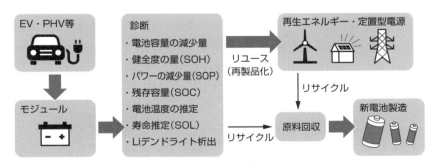

図6.19　LIBのリユースおよびリサイクルの作業フロー

第6章　劣化および寿命の評価

池業界は、多くの有力企業が参入する時代でした。現在、自動車電動化へ流れ
の"舵"は大きく切られて、世界的規模でセル市場、とりわけ LIB 市場は爆発
的に拡大しようとしています。

　特に、中国では 2017 年に EV とプラグインハイブリッド車（PHV）の販売
台が 78 万台となり、世界の 5 割を超えています。同国では 2019 年から自動車
メーカーに一定比率の電気自動車（EV）など新エネ車の製造を義務付ける制
度を導入したことから、19 年は約 3 割増の販売数が見込まれています。

　こうした中で、もうすぐ十年の走行を経た第一世代の電気自動車セルは交換
時期を迎えており、回収された使用済みセルの関連市場が立ち上がろうとして
いますが、それには膨大な数のセルを回収、整備、リサイクルするためのリ
バース・サプライチェーンの設計が必要となります。LIB のリサイクルの現状
の産業規模は極めて小さく、コスト競争力を持つのはコバルト、ニッケル、銅
などの値の高い金属を含有する部材の場合だけです。LIB のリサイクルは、い
まだ利益が出ていません。

　上記のように、リサイクル市場の本格的な立ち上がりはまだですが、より現
実的な対処方法としては、中古の車載セルを、容量低下がそれほど問題になら
ない蓄電用途で再利用することが考えられています。エネルギー貯蔵に対する
需要はほぼ無限といえることから、その経済性と投資対効果には十分な根拠が
あります。電力会社が、電力供給の弾力性と効率性を高めるために、電池の蓄
電能力を利用してその改善をすることにより、不安定な再生可能エネルギーの
普及に対応しようとしているためです。ここでは、故障セルの検出、抜き取り
と交換を含む作業から生じる整備コストは低いため、経済性が高いと考えられ
ます。エネルギー貯蔵用の新品 LIB の需要はすでに旺盛であることから、整備
済みセルはより安価な代替品になり、新産業にとっては魅力的であります。車
載セルのリユース用途も、住居用からグリッドレベルまでのエネルギー貯蔵に
向いており、電力会社にとっては再生可能エネルギーからの不安定な電力供給
を平準化するためのバックアップ供給源の役割を果たすことができます。また、
住宅オーナーは太陽光発電による電力の貯蔵用に、その他の企業は無停電電源
装置として使うことができます。すでに、整備済み EV セルの一部は再利用が

148

試されています。一例では、日産（欧州）のリーフと BMW の i3 モデルのセル
は、家庭用蓄電池に用いられています。大規模なものでは、電気自動車で使わ
れていた 2600 個以上の中古セルモジュールを組み立て直して、定格出力 2 メガ
ワットで電力容量 2.8 MWh の蓄電施設をドイツに建設したとの発表がありま
した。

　世界的な電力供給に照らして考えれば、電池のリユース分野は急速に成長す
ると推定できます。自動車メーカーは 2030 年までに年間 2000 万台の EV を生
産する可能性があり、この膨大な数の電気自動車はすべてセルを搭載しており、
それらは最終的に中古市場へと流れ込むことになります[11),12)]。ただし、いった
ん使用されたセルの品質を保証する判定基準の確立、それを判断する簡便な装
置や手法の開発が必要です。

6.4.2　EV および PHV 用 LIB

　現在の液型 LIB の技術や材料開発が進み、2010 年代初めの EV 搭載の LIB で
は 1 回のフル充電で走行できる距離は 200 キロメートル以下でしたが、現状の
LIB では、400 キロメートル走行が現実味を帯びてきています。

　図 6.20 には、EV に搭載されてきた旧型の LIB 単セルと、これから本格的に
使用される新規の単セルの充放電特性を示します。旧型では、6〜10 万 km 走行
で満充電時の容量が 20 ％弱程度減少していることが図から分かります。すな
わち、電池の劣化度の SOH 指標で表すと 0.80 強になっています。劣化原因に
関する詳細は省略しますが、図 6.20 からは、新旧の両単セルの体積と重さがほ
ぼ同じであることから、新型電池の 1 回のフル充電で走行できる距離は約 2 倍
に伸ばすことができる可能性が見て取れます。

6.4.3　リユースの仕分け

　車載用の LIB では、純バッテリー電気自動車（EV もしくは BEV）、燃料と
バッテリーとの外部充電も併用するプラグインハイブリッド（PHV）、燃料に

第 6 章　劣化および寿命の評価

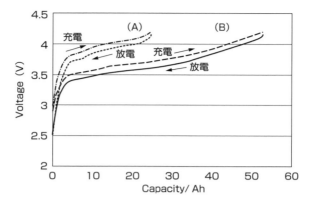

図 6.20　EV 搭載 LIB 単セルの充放電特性

25 ℃環境下、0.2 C レートで測定した充放電曲線。旧型電池（6万 km 走行後のもので容量が 30 Ah から 25 Ah に低下）(A)と新型電池（2019 年モデルで容量は 50 Ah の新品）(B)

よる走行動作を充電に用いるハイブリッド（HV）など、自動車側から見た電池の使い方でその劣化の状態も異なります。

　一般的な LIB の特性では、満充電に近い状態の高い SOC で電池が放置されると劣化が促進されるために、その点に注意が向けられています。EV の電池使用の特長には、広い範囲の SOC で使用できることと大きな充電電流での対応が求められています。よって、過放電の防止のための使用下限 SOC および前述のフル充電を考慮した使用上限 SOC にも考慮した制御システムが装備されています。そのために、EV 使用の場合には、使用可能エネルギーは公称値の 80 % ぐらいまでとなっています。他方、HV の電池では中間領域の SOC で、かつ±10 % 程度の狭い範囲で充放電の繰り返しが行われること、および数秒から数十秒での充放電が繰り返されること、さらに高レートの大電流での充放電対応も求められることを特長としています。PV 用の電池では、容量が 10 kWh 程度のものが多いのですが、その使用パターンは上記の EV と HEV との両者の合わせものであり、今後は急速充電への対応が求められてきています。EV 用と較べて PHV 用では電池の搭載容量は小さいのが一般的ですが、EV と同等の出力対応が求められてきているために、セルにとっては厳しい使い方となっ

6.4　リユースとリサイクル

ています。

　LIB を搭載する各種の自動車の使用パターンの特長について、特に大電流の出し入れにともなうリチウムの析出、過充電や過放電による化学的副反応による劣化、SOC 中間領域での繰り返し充放電による活物質の溶解による劣化などの現象の解明とその対策へ繋がる研究開発が今後も必要です。ここでは、使用パターンによる劣化について述べてきましたが、LIB は、使用せず放置や保存の状態でも劣化するという特長を持っています。

　以下には、PHV 搭載電池の 5 年間使用後の特性変化の計測結果について記載しましょう。図 6.21 には、車載で使用されてきたハードカーボンを負極に用いた LIB の計測結果を示しています。ここでは、各電池（①未使用、② 4 万 km 走行、③ 8 万 km 走行、④ 12 万 km 走行）における同一定電流モードの充放電レート値に対する放電容量（観察容量）の依存性を示します。実験では、低レート（例えば 0.1 C レート）での充放電曲線から、満充電容量/初期満充電容量の比が求められて、その値が電池の健全度を表す指標（SOH）と考えられてます。この結果より、12 万 km 走行後の電池の SOH 減少が 5 ％程度であるという耐久性能を示していることは驚きです。

　次に、これらの電池の中～高レート（例えば、0.5 C～2 C レート）での充放電曲線を調べてみました。ここでは、大きな電流を用いて計測された満充電容量/初期満充電容量の比はパワー密度の減少の指標（SOP）とすることができると考えました。走行距離から推定した"アシスト度合い"の異なる電池に関して、同一値の定電流モードでの充放電レート値に対する放電容量（観察容量）の変化から、未劣化電池の 1.5 C レートで求めた放電容量を SOP＝1.0 とした時、SOH で最大劣化度合いを示す電池の SOP は 0.60 程度であると評価されました。このことから、該当電池の 1.5 C レートでのパワーの劣化度合いは 40 ％であると推定できます。よって、これらの結果から、該当電池の SOH の減少は 5 ％程度ですが、SOP の減少は 40 ％の劣化度だと推定できます。すでに、弊社の研究でこれらの劣化度合いとインピーダンス特性との相関性は明らかになってきていますが、ここでは省略します。上記の結果より、汎用性の高いレート特性でのパワー密度の減少量は新たな劣化度合いを示す量とみなすこと

151

第6章 劣化および寿命の評価

ができます。すなわち、使用中電池に関するその後の使用可能な最大パワー値の推定を、高精度で推定できることがわかってきています。

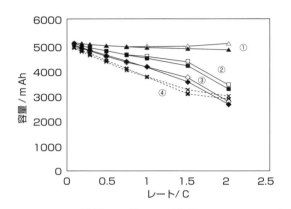

図6.21　PHV搭載LIB単セル（負極；ハードカーボン、正極；NMC三元系金属酸化物、初期容量：5 Ah）の5年間使用後の各電池（①未使用、②4万km走行、③8万km走行、④12万km走行）における同一定電流モードの充放電レート値に対する放電容量（観察容量）の依存性

充電と放電の末端電圧をそれぞれ4.20Vおよび2.50Vとして、0.1〜2.0Cレートの定電流で25℃の恒温槽内で測定

　上記の結果は、車載セルで5年後、すなわち2回目の車検時で、応答パワーが最大で40％程度低下した電池となっていることを示します。しかし、得られた電池特性は、パワー密度低下がそれほど問題にならない蓄電用途で再利用できる電池として受け入れられる肯定的なデータと考えられます。応答パワーに関する本データは、再利用の可否を判断する基準・指標となりえると考えています。すでに、筆者らは、容量劣化度（SOH）やパワー密度低下度（SOP）を高速（秒速）で高精度（5％以内）に診断できる手法を確立しています。

6.4.4 リサイクル

　2025年以降は使用済みセルが大量に発生することとなり、中古セル市場と関わるリサイクル産業の経済性は改善すると予想できます。すでにリサイクルには進展の兆しがみられています。リサイクルでは、プロセス化学と製造工程に精通した専門的なリサイクル企業が主導するとみられますが、電池モジュールの整備では電気工業に関するノウハウを持つ企業の領域になると予想されます。この中で、大手ユーザーの自動車メーカーは、ディーラーと顧客の両方と取引関係があることから、使用済みセル供給における中心的な立場で優位に立つとみられます。特に、新旧のセル性能データを能動的に入手できることは、回収した整備用のセルの最適な選定や診断テスト時間の短縮にも役立つと考えられます。ただし、最終的には整備品を含むすべてのセルはリサイクルされなければなりません。そのためには、電池の破棄を判断する基準・指標を設けることが必要です。また、不法投棄・汚染防止のための厳格な法の施行など、有毒物質から環境を守るための規制が必要です。一部の国では、リチウムなどの化学物質の処理に関する法律を定めるなどの対応が始まっていますが、しかし多くの国はそうではないのが現状です。

　BEV市場規模の拡大や、これに追随する中古セル市場に関しての想定は、推測の域を出ないステージにありますが、とはいえ、多くの国がガソリン車の段階的廃止を掲げていることから、電気自動車とセル市場は大きな成長の時期を迎えようとしていることは確かでしょう。電池リサイクルなど新しい事業分野を国などの公的機関が支援する一方、BEV転換の環境上のメリットを守るために電源構成の改善や、使用済みセルの廃棄による汚染を回避するための規制を設け、然るべき技術を促進して、新しい産業の成長を支援しなければならないと考えます。

文献

1) M. Doyle, T. F. Fuller, J. Newman, Modeling of Galvanostatic Charge and Discharge of the Lithium/Polymer/Insertion Cell, *J. Electrochem. Soc.*, 140,

第６章　劣化および寿命の評価

1526（1993）.

2 ）Newman Research Group; http://www.cchem.berkeley.edu/jsngrp/

3 ）D. A. G. Bruggeman, Berechnung verschiedener physikalischer Konstanten von heterogenen Substanzen. I. Dielektrizitätskonstanten und Leitfähigkeiten der Mischkörper aus isotropen Substanzen, *Annalen der Physik,* 416, 636（1935）.

4 ）I. Bloom, A. N. Jansen, D. P. Abraham, J. Knuth, S. A. Jones, V. S. Battaglia, G. L. Henriksen, Differential voltage analyses of high-power, lithium-ion cells: 1. Technique and application, *J. Power Sources,* 139, 295（2005）.

5 ）K. Honkura, K. Takahashi, T. Horiba, Capacity-fading prediction of lithium-ion batteries based on discharge curves analysis, *J. Power Sources,* 196, 10141 （2011）.

6 ）森田朋和，櫻井宏昭，星野昌幸，本多啓三，高見則雄「充電電圧曲線解析法に基づくリチウムイオン二次電池の電池状態推定と余寿命評価」，第 53 回電池討論会要旨集，3A17，55（2012）.

7 ）幸琢寛，坂口眞一郎，三浦克人，河南順也，松村安行，長井龍，村田利雄，太田璋，吉村秀明，大串巧太郎，畠山望，宮本明「電極厚み方向の反応分布の評価とシミュレーション」，第 57 回電池討論会要旨集，3C20，216（2016）.

8 ）小山昇，山口秀一郎「リチウムイオン二次電池の長期信頼性と性能の確保」小山昇監修，サイエンス＆テクノロジー，p155～162（2016）.

9 ）小山昇，山口秀一郎，古館林，望月康正，羽田睦雄，大坂武男，岡島武義，松本太「多重インピーダンス計測によるリチウム二次電池モジュール劣化度診断の簡便法の開発」第 57 回電池討論会要旨集，2C26（2016）.

10）小山昇，山口秀一郎，古館林，望月康正，大坂武男，松本太「高速パルス測定の正規化データを用いる電池状態評価法の検討 その 2 汎用電池特性の機械学習的評価」第 59 回電池討論会要旨集，2D02（2018）.

11）R. Debarre, D. Gilek, "Natural Resources and CO_2: Hazards Ahead for Battery Electric Vehicles ?" *A. T. Kearney Energy Transition Institute, Electricity Storage FactBook*（2018）.

12）「xEV 用リチウムイオン二次電池リサイクル・リユースに関する調査」富士経済（2018）.

第7章

電池の性能改善

第 7 章　電池の性能改善

7.1　電極活物質層内評価（充放電下の電極のオペランド評価）

　LIB は金属缶やアルミラミネートフィルムなどの外装材で密閉されています。これは、空気中の水分や酸素との反応による活物質や電解液などの電池材料の劣化や、電解液の揮発を防ぐためです。しかし、この密閉状態であることが電池内部を直接観察・分析することを難しくしているため、電気化学的評価（充放電や交流インピーダンス測定など）以外の電池評価は、長い間、電池を解体した状態で行われてきました（これを *ex situ* 測定といいます）。これに対して、近年目覚ましい技術発展を遂げているのが、電池の非破壊分析です。電池を解体せずにその場（*in situ*）測定する手法や、さらには、実際の使用環境下で電池や材料がその機能を発現し動作している状況でリアルタイムに測定や観察ができるオペランド評価が、様々な分析手法で実現されています。主な手法について表 7.1 にまとめました。

　充放電作動中に、活物質の結晶構造や価数、化学結合状態、固体−液体間や固体−固体間界面の状態、活物質粒子中の Li 濃度分布、電解液中の Li 濃度分布などが変化します。また、充放電にともない活物質の結晶格子が膨張収縮するので、電極の厚みも変化します。さらに、充放電中にしか現れない準安定相（遷移相と表現される場合もあります）の存在も確認されています。これらの多くは非平衡状態での動的な変化であり、ひとたび電流を止めると緩和して熱力学的（巨視的）に静的な平衡状態になろうとします。ですので、充放電中の挙動を正確に把握しようとすると *ex situ* ではなく、オペランドでの評価が重要になるわけです。ほかにも、安全性に関わるものとして、Li デンドライト成長、発生ガスの分析、電池の発熱挙動などもオペランド評価の重要性が高いといえます。

　ここでは、最も基本となる電極活物質層の顕微鏡観察と、X 線回折（XRD）による結晶構造と反応分布の評価、電極厚み変化測定の各オペランド評価について紹介します。

7.1　電極活物質層内評価（充放電下の電極のオペランド評価）

表 7.1　LIB の各種オペランド評価法

分析手法	特徴・目的	SOCの判別	測定容器・窓材	オペランド測定が可能な C レート
電気化学評価	高精度、物性との紐づけが不明確	○	どの電池でも可	～数 1000 C
放射光	回折・吸収を用いた周期構造や局所構造、価数、反応分布	○	アルミラミ外装	～10 C
中性子	Li の検出が可能、透過能力が高い、構造解析	○	バナジウム容器など	～1 C
X 線回折（XRD）	ラボでの結晶構造解析、反応分布	○	アルミラミ外装	～10 C（2 次元検出器の場合）
走査型電子顕微鏡（SEM）	形態観察、EDX との併用で組成分布	×	真空内で裸、SiN 膜	～1 C（イオン液体、全固体電池）
核磁気共鳴（NMR）	局所構造、電子状態、自己拡散係数	○	ガラス管、樹脂フィルム	～0.2 C
ラマン分光	分子の構造や状態	○	ガラス窓	～0.1 C
光学顕微鏡	主に共焦点での利用、電極構造の変化、色、ガス発生状態、Li 電析の観察	△	ガラス窓	～2 C（共焦点）
厚み（変位）測定	簡便、電池・電極の膨張収縮	△	アルミラミ外装	～1 C
アコースティック・エミッション（AE）	電極の変形・亀裂時やガス発生時に発生する音波の測定	×	どの電池でも可	～10 C
ガス分析（DEMS）	発生ガス種の分析	×	樹脂・金属製の専用容器	～1 C
コンピュータ断層撮影（CT）	X 線 CT が主、非破壊での形態観察	×	アルミラミ外装	～0.1 C の in situ（充放電⇔停止・撮像の繰り返し）
X 線光電子分光（XPS）	化学結合状態、価数	○	真空内で裸、準大気圧	～0.1 C の in situ（充放電⇔停止・測定の繰り返し、全固体電池）

7.1.1　共焦点顕微鏡を用いた電極断面のオペランド観察

　電極の構造や色を直接観察して電極の体積変化や反応分布を可視化できれば現象を理解しやすくなります。そのための簡便かつ有力な手法として光学顕微

157

第 7 章 電池の性能改善

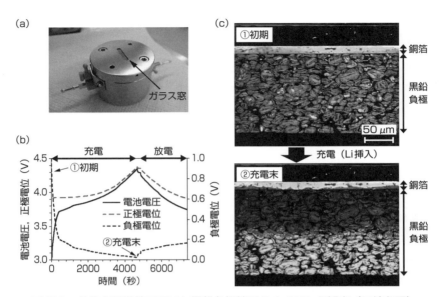

図 7.1 共焦点顕微鏡を用いた黒鉛負極端面のオペランド観察（口絵参照）
(a)観察用のガラス窓付きセル、(b)充放電曲線、(c)黒鉛負極の断面（リチウムイオンが挿入されると金色（黒→青→赤→黄）に変化）

鏡の1種であるリアルカラー共焦点顕微鏡を用いて、充放電過程の電極断面をガラス窓越しにオペランドで直接観察する手法があります。図 7.1 はその様子を捉えた動画の一部を静止画として切り出した観察像です。ここでは高エネルギー密度を狙って厚膜塗工された黒鉛負極を観察しています。図 7.1c の上段は充放電前で、下段は充電末の結果です。3極式のセル構造で断面観察を行うと、動画では電池と正負極の各充放電曲線と電極の色や構造が変化する様子が同期して表示されます。黒鉛負極では、充電にともなうステージ構造の変化に対応して、黒→青→赤→金と色が変化する様子が連続的に観察されます。この厚膜黒鉛負極では厚み方向での色変化の傾斜が激しく、電極のセパレータに近い側が金色であるのに対して集電箔近傍では青色であって、反応分布が明瞭に観察されました。この手法では電極が膨張収縮する様子やLiデンドライトが発生・成長する様子、ガス発生も直接観察が可能であり、電池内で生じる様々な挙動

7.1 電極活物質層内評価（充放電下の電極のオペランド評価）

を定性的に理解することができます。ただしこの手法で観察しているのはあくまで電極端部の局所的な挙動ですので、必ずしも電極全体で生じている現象を代表したものではない可能性があるということに注意する必要があります。

7.1.2 X線回折（XRD）を用いた電極活物質層のオペランド評価[1]

　黒鉛負極を充電させながらXRD測定を行うと図7.2のようなデータが得られます。顕微鏡で観察された電極の色変化とSOCの関係もわかるようにしています。SOCの変化はLi_xC_6中のx値（Li組成）の変化に直接対応するため、電池内の活物質の結晶構造の変化を分析することでSOCを推定することができます。また、色相や明度の変化が乏しい正極の反応分布の評価では顕微鏡観察による局所的なSOCの判別は難しいですが、XRD測定を用いればSOCの分布幅を推定することが可能です。

　具体例として、厚膜の$LiCoO_2$電極を用いたハーフセルを、透過光学系のXRD装置にセットして1C電流で放電した際のXRDパターンの変化を図7.3

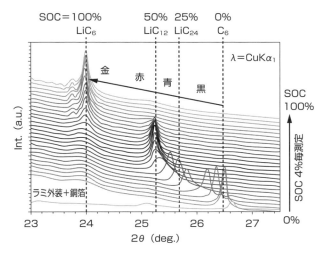

図7.2　黒鉛電極のオペランドXRD測定による結晶構造変化の観察

第 7 章 電池の性能改善

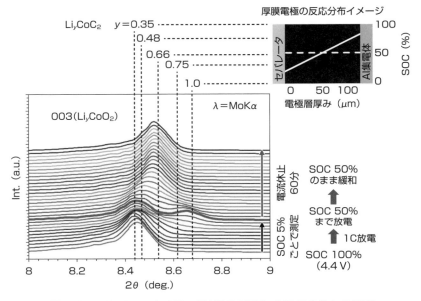

図 7.3 LiCoO₂ のオペランド XRD 測定による反応分布の観察

に示します。透過測定であるため、測定データには電極の厚み方向全体の結晶構造に関する情報が含まれます。図に示す $2\theta = 8 \sim 9°$ の範囲を 8.6 秒間（7°/分）で測定し、これを 1 C 電流で SOC が 100 % から 50 % になるまで 3 分ごと（SOC 5 %ごと）に繰り返しました。SOC 50 % に達した後に電流を休止して反応分布を緩和させ、60 分間の緩和中も 3 分ごとに XRD 測定を行いました。1 C 放電中で 8.6 秒間に変化する SOC はわずか 0.17 % ですので、時間分解能としては問題ないといえます。このようにオペランド評価では、分析装置の測定時間とその時間内に変化する SOC の関係から評価することのできる C レートの上限が決まります。表 7.1 に示した C レートの値もこのように見積もっています。

図 7.3 中に示す LiCoO₂ の 003 反射ピークは放電が進むと広角側へブロードとなり、ピークが 2 つに分離し、ピークトップの 2θ はそれぞれ元の SOC 100 % 付近と満放電の SOC 0 % に近い値となっています。その後、緩和を開始して 9 分後にはブロードな形状ではあるものの 2 つのピークが合体して単一ピークと

7.1 電極活物質層内評価（充放電下の電極のオペランド評価）

なり、緩和30分以降はピーク形状の変化もなくなりSOC 50 ％に応じたピーク位置へ収束しました。この現象は、放電時に厚み方向に反応分布が生じてLi_yCoO_2のy値が明らかにXRDピーク位置に影響を与えるほど大きく変化し、その後の電流休止中の緩和は厚み方向の電位勾配を推進力として本来のSOCへ均等化されたために生じたと考えられます。

この電極の局所SOCの分布は、電流を停止すると30分程度で1本のピーク形状に収束してしまうため、オペランド評価でしかこの現象を捉えることはできません。最近は、反応分布のある状態をそのまま固定化して *ex situ* 測定で分布を評価する手法（グロー放電発光分析（GD–OES）など）も開発されています。

7.1.3　LIBの膨張収縮について[2]

電極の膨張収縮は電池の体積変化を引き起こしますが、特に電池の膨れは、高密度化した携帯電子機器用の電源とするときに大きな問題になります。また、車載用の場合、電池の外装構造や電池パック・モジュールの設計における長期信頼性に悪影響をおよぼす懸念があります。電極内部でも、膨張収縮の繰り返しで活物質同士や導電助剤・集電体との接触性が悪化し、電極の電子伝導性の低下により電極内に反応分布が生じ、これがまた電極内の膨張収縮と応力分布の不均一性を招くという悪循環が発生し、電池のサイクル劣化の一因となります。また、固体電解質を用いる全固体電池では、固体–固体界面の接合が重要になるため、充放電中の電極構造の変化は電池性能に悪影響をおよぼすことが懸念されます。

まず負極に注目すると、現状では主に理論容量372 mAh g^{-1}を持つ黒鉛系負極が使われています。これに比べてSi負極（4200 mAh g^{-1}）やSn負極（990 mAh g^{-1}）などは、高容量でありますが、実用化は一部に留まっています。その理由は、これらの合金が充放電時のLi吸蔵放出にともなう膨張収縮によって微粉化してしまい、サイクル寿命に課題があるためです。それに対して、$Li_4Ti_5O_{12}$（LTO）負極や難黒鉛化性炭素（HC）負極は、膨張収縮が少なくサ

第 7 章　電池の性能改善

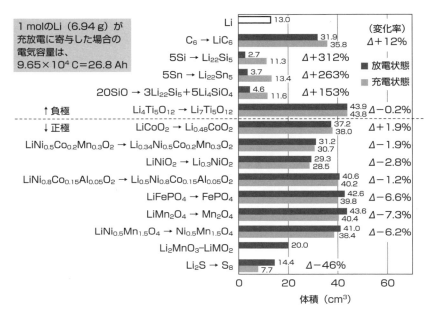

図 7.4　各活物質が 1 mol の Li を充放電する際の体積変化（理論値）

イクル性能に優れます。

　図 7.4 は、各活物質が 1 mol の Li を吸蔵・放出する際の結晶格子体積の変化を示したものです。図は充電・放電状態の活物質について結晶構造から算出された格子体積に基づいています[3)-5)]。1 mol の Li の体積は 13.0 cm^3 であり、これが 1 電子反応ですべて充放電に寄与すれば、その電池の電気容量は 26.8 Ah となります。1 mol の Li をすべて吸蔵するには 31.9 cm^3 の黒鉛（C_6）が必要で、Li 吸蔵後（LiC_6）は 35.8 cm^3 に膨張します。Si の場合、わずか 2.7 cm^3 の吸蔵前体積が Li 吸蔵後（$Li_{22}Si_5$）に 11.3 cm^3 となります。膨張の変化率は、黒鉛の 12 % に対して Si は 312 % であって大差がありますが、26.8 Ah の電池に必要となる Si の体積は黒鉛の 1/10 以下であるので $Li_{22}Si_5$ の体積は LiC_6 の 31.6 %（= 11.3 cm^3 ÷ 35.8 cm^3）に留まります。

　ところで、LiC_6 の体積（35.8 cm^3）は、黒鉛の体積（31.9 cm^3）と Li の体積（13.0 cm^3）を単純に足し合わせた値よりも小さいのですが、これは黒鉛への Li

の吸蔵機構と関連しています。層状の結晶構造を有している黒鉛の層間はファンデルワールス力で弱く結合しているために、Li が挿入されても層間の広がり（結晶格子では c 軸方向）がわずかであることがその理由です。

Si の場合は 1 原子あたり最大 4.4 個（$Li_{4.4}Si（＝Li_{22}Si_5）$）の Li を吸蔵することができ、これは黒鉛の 1 原子あたり 0.17 個（$Li_{0.17}C（＝LiC_6）$）に比べて非常に多いです。また、1 mol の Li を吸蔵した $Li_{22}Si_5$ 合金（11.3 cm³）の方が 1 mol の金属 Li（13.0 cm³）よりも体積が小さくなるというのは興味深いことです。別の見方をすると、図 7.4 に示したすべての活物質の中で、体積変化量が最も大きいのは金属 Li であるといえます。

電極の膨張収縮が話題にされるのはほとんどが負極ですが、正極でも膨張収縮は生じます。図7.4 には正極活物質として、$LiCoO_2$（LCO）、$LiNi_{0.5}Co_{0.2}Mn_{0.3}O_2$（NCM523）、$LiNiO_2$（LNO）、$LiNi_{0.8}Co_{0.15}Al_{0.05}O_2$（NCA）、$LiFePO_4$（LFP）、$LiMn_2O_4$（LMO）、$LiNi_{0.5}Mn_{1.5}O_4$（LNMO）、Li 過剰固溶体（$Li_2MnO_3–LiMO_2$）、硫黄（$S_8$）の体積変化を記載しています。充電（Li 放出）時に収縮するものだけでなく、逆に膨張するものもあります。スピネル構造の LMO では、充電による層間 Li の減少にともない層間距離が減少し、格子体積も相応して収縮します。一方、c 軸方向に Li 層と Co 層が O 層の間に交互に積層した構造（…O/Li/O/Co/O/Li/O/Co/O…）となっている層状岩塩構造の $LiCoO_2$ は、充電時に Li が脱離すると Li_yCoO_2 の $y=1〜0.5$ 付近までは酸素間の静電反発力により層間距離が拡大して c 軸長が膨張、格子体積も膨張しますが、さらに Li を引き抜くと収縮に転じます。このように充放電の途中では、相転移や二相共存反応が起こるなどそれぞれの活物質で結晶構造が複雑に変化します。

図 7.4 に示すのは、あくまで結晶格子体積を基準とした膨張収縮についてであり、実際の電極では空隙やバインダー、導電助剤などを含むため膨張収縮の挙動はさらに複雑になります。

電極の膨張収縮の評価としてよく行われるのは、充放電前後の電池から電極を取り出し、厚みを測定する、あるいは電極断面を観察し測長することです。**図 7.5** は、Si 含有負極の電極断面の SEM 観察像ですが、初期（図 7.5a）に比べて劣化後（200 サイクル後）（図 7.5b）では、電極が厚くなり、電極内部の構造

第 7 章 電池の性能改善

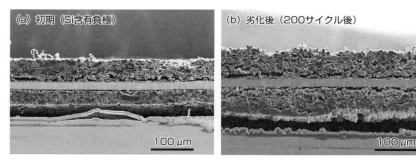

図 7.5　Si 含有電極の劣化前後の断面 SEM 観察

が変化していることがわかります。しかし、この評価法では、電極が膨張収縮する連続的な変化を知ることはできません。

7.1.4　単極厚み変化の高精度オペランド測定[2]

電極の膨張収縮挙動を定量的に把握するために電池の厚み変化を正極と負極に分離して高精度にオペランド測定する手法があります。この高精度電極厚み変化測定システムの概略を**図 7.6** に示します。セパレータとして硬質多孔質ガラス板を用い、セパレータとスペーサで構築された空間に対極を囲うことで厚

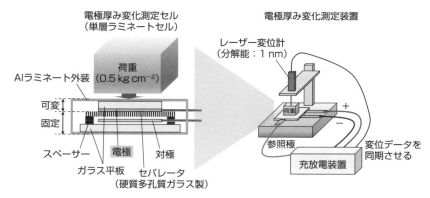

図 7.6　高精度電極厚み変化測定システムの概略

7.1 電極活物質層内評価（充放電下の電極のオペランド評価）

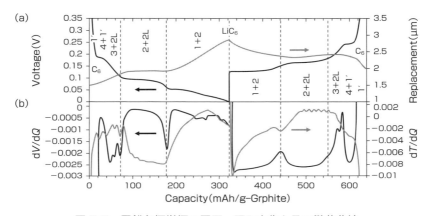

図 7.7　黒鉛負極単極の電圧・厚み変化とその微分曲線
(a)充放電曲線と厚み変化、(b)dV/dQ と dT/dQ

み測定を対象電極に絞り、対極が厚みに影響を与えないセル構造となっています。厚み変化は 1 nm の高分解能で測定され、電圧や電流、温度の測定データと同期して記録されます。

このシステムで測定された黒鉛/Li ハーフセルの充放電曲線と黒鉛単極の厚み変化量、およびそれぞれの微分曲線（dV/dQ, dT/dQ）を図 7.7 に示します。dV/dQ ピークは明瞭に Li$_x$C$_6$ の各ステージ構造の変化に対応し、厚み変化微分曲線 dT/dQ と dV/dQ のピーク位置もよく一致していることから活物質の相転移による電極厚み変化が明確にわかりました。図 7.8 に示すように LiCoO$_2$/Li ハーフセルでは Li$_y$CoO$_2$ の y = 0.5 付近で起こる六方晶↔単斜晶の相転移に対応する dV/dQ ピークと dT/dQ ピークが確認されました。このように負極と比べて体積変化が小さい正極においても、定量的に厚み変化や相転移の評価を行うことが可能です。

この測定手法をそのままフルセルに適用してセルの総厚みの変化挙動を測定すると、LiCoO$_2$ 正極と黒鉛負極の変化が合成された形になります。

ただし、特に捲回体の厚み変化測定では活物質層の膨張収縮の応力や電池内で発生したガスが捲回体の構造や電池体積に影響を与える場合があり注意が必要です。図 7.9 は、Si 含有負極を用いた捲回式電池のサイクル前後での断面を

165

第7章　電池の性能改善

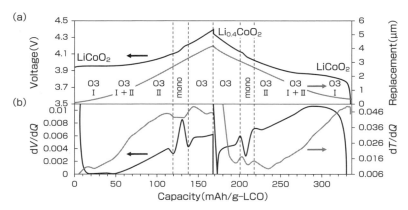

図 7.8　LiCoO$_2$ 正極単極の電圧・厚み変化とその微分曲線
(a)充放電曲線と厚み変化、(b)dV/dQ と dT/dQ

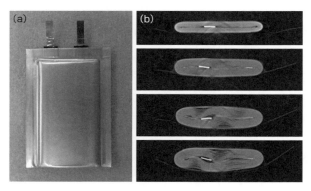

図 7.9　捲回式電池の外観(a)と変形前後の断面 CT 像(b)

X 線 CT で観察した結果です。活物質層の膨張と捲回体の変形による膨れを分離して考える必要があることがわかります。また、単層構造や積層構造の電池においても電極設計によっては電極の膨張収縮以外に構造変化の要因があり、特に Si などの合金系負極では合剤層の膨張収縮と集電箔の変形とを分離して検討すべき場合があります。

最近は、サブミクロンの分解能を有する高精細 X 線 CT を用いて非破壊観察

7.1 電極活物質層内評価（充放電下の電極のオペランド評価）

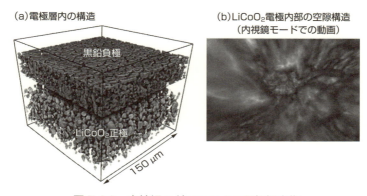

図7.10　高精細X線CTによる電極観察像

した電極構造から、厚みだけでなく空隙や各部材の分布、粒子間の接合状態などに関する情報を取得することができます。図7.10に、黒鉛負極とLiCoO₂正極のCT像を示します。医療用のCTと同じように、内視鏡モードを使えば電極内を自由に移動しながら調べることもできます。また、CTは3Dプリンタと相性が良く、実測された3次元データを拡大造形することで電極構造を手に取って観察することができます。現状ではCT撮像には長時間を要するため、1Cで作動する電池をオペランド観察することは困難ですが、数年の内には膨張収縮や電極内部の構造変化についてCTを使ってオペランド観察できるようになりそうです。

　電極活物質層内の評価について、定性的にイメージ化すると共に高精度オペランド測定でこれを定量化する技術について測定データを例示しながら説明しました。また、LIBの膨張収縮挙動とそれにともなう活物質層内の応力変化や電解液の吸放出に関するシミュレーションも検討されており、それらをNewmanモデルに基づく充放電シミュレーションに組み入れる取り組みも行われています。オペランド評価やシミュレーション技術の発展・連携によって、LIBのメカニズムをより深く理解でき、さらなる改良につながることが期待されます。

第 7 章　電池の性能改善

　7.1 節の一部は、NEDO プロジェクト「次世代蓄電池評価技術開発」の助成
と「先進・革新蓄電池材料評価技術開発（第 1 期)」の委託を受けて LIBTEC
により実施されました。

（7.1　LIBTEC　幸琢寛）

7.2　界面の化学修飾と制御

7.2.1　正極活物質の化学修飾

　最近では、正極活物質の化学修飾が、無機物、炭素材、導電性ポリマーを用
いて盛んに行われています。特に、修飾剤の添加では、①活物質を電解質と直
接接触することを防止する、②相転移を抑制する、③構造を安定化させる、④
結晶サイトでのカチオンの不秩序性を減らすなどの改良により、次の効果があ
るといわれています。(a) 元素成分の溶解の抑制、(b) サイクル中での副反応
と熱発生の減少、(c) イオン伝導、電子伝導度の向上、(d) 電解液からの HF
発生の除去など。これにより電極特性の向上、特に可逆容量の増大、第 1 サイ
クル時のクーロン効率向上、レート特性向上、過充電などに効果があることが
報告されています。**表 7.2** には、研究論文を参考にして、正極活物質の化学修
飾剤を中心に、開発対象とされてきた各々の正極材料へのその効果をまとめて
示しました[6]。例えば、簡単な例では、リン酸鉄リチウム（$LiFePO_4$）などのポ
リアニオン系の正極材料は、電子伝導性が低いという課題があります。その対
策としては、粒子表面にカーボンを被覆する方法や異種金属を添加することに
よりその改善が図られてきました。

　$LiCoO_2$ 粒子では、LTO の表面コーティングにより Co 溶解の防止や、リチウ
ムイオン源との相互作用により充放電サイクル数の向上や容量維持（劣化の防
止）が確かめられており、コバルト系正極の汎用電池で使用されています（表
7.2）。三元系と呼ばれるニッケル・コバルト・マンガン酸リチウムが現在最も
汎用されていることは述べてきましたが、その中で酸化マンガン系物質や酸化

7.2 界面の化学修飾と制御

表 7.2 正極活物質に対する化学修飾とその効果

修飾剤	正極材料	効果	特性向上のポイント
Li_2CO_3	$LiCoO_2$	界面抵抗減少	3.6 V での出力の効率増大
Li_3PO_4	$LiNi_{0.5}Mn_{1.5}O_4$	界面抵抗減少、全固体型電解質	サイクル容量維持
$AlPO_4$	$LiCoO_2$ $LiNiO_2$	Co 溶解防止、構造劣化防止、膜厚依存性 熱発生反応の抑制	安全性（熱暴走なし） 容量およびサイクル特性の向上 サイクル、過電圧耐久性、および熱特性向上
MgO	$LiCoO_2$ $LiNiO_2$ $LiMn_2O_4$	保護層形成、相転移の抑制、Li 移動の活性化エネルギー減少 保護層形成 結晶構造安定化	サイクル容量維持 サイクル寿命 サイクル容量維持 サイクル容量維持
Al_2O_3	$LiCoO_2$ $LiMn_2O_4$ $LiCo_{1/3}Mn_{1/3}Ni_{1/3}O_2$	Li 導伝性の被覆層形成 格子パラメータ 溶解防止、層構造の安定化 層構造の安定化	充放電電圧、レート、およびサイクルの向上、容量維持、熱特性の改良
SiO_2	$LiCoO_2$ $LiNiO_2$	構造安定化、Co の一部と置換 液接触防止	サイクル寿命を3倍に サイクル容量維持（ただし、初回容量のみ減少）
ZrO_2	$LiCoO_2$ $LiNiO_2$ $LiMn_2O_4$ $LiFePO_4$	相転移抑制、構造安定化 相転移の抑制、溶液との直接接触防止、熱発生抑制 Mn^{3+}溶解防止、表面の活性な O 原子の減少、HF からの防御 表面の活性な O 原子の減少、HF からの防御	サイクル容量維持 電池特性全般 高温でのサイクル寿命 容量維持 高温でのサイクル寿命
TiO_2	$LiNiO_2$ $LiFePO_4$	界面の安定化、電解質の分解抑制 Fe の溶解防止	サイクル容量維持 サイクル容量維持
$Li_4Ti_5O_{12}$	$LiCoO_2$ $LiMn_2O_4$	Co 溶解防止、Li^+伝導性 結晶構造安定化	充放電サイクル、および容量維持 高温充放電サイクル、容量維持

ニッケル系物質が関与する反応として、**表7.3**に示したような化学反応が、電極と電解質との界面で生じることが推定されています[7]。これらの反応生成物は負極と電解液の相界面に生じる SEI 膜と呼ばれる薄膜のような形態で析出しています。この SEI 膜は主に初期の充放電時に電解液成分や添加剤の分解によって活物質表面に形成されますが、電解液の分解を抑制するとともに、スムーズなリチウムイオンの挿入脱離を可能にするという正の効果も生みだします。良好な SEI 膜の形成は、電池性能の向上のために重要です。EC 系および PC 系

第7章　電池の性能改善

表7.3　正極表面で起こる電解質との酸化反応機構

スキーム1	$LiMn_2O_4$ 正極の電解液中での自己放電反応 $LiMn_2O_4 + x\,Li^+ + x\,Electrolyte \longrightarrow Li_{1+x}Mn_2O_4 + x\,Electrolyte^+$
スキーム2	スピネル中での不均化が関与する電解質との酸化反応機構 および Mn^{2+} 溶解 $LiMn_2O_4 + 3x\,Li^+ + x\,El \longrightarrow Li_{1+3x}Mn_{2-x}O_4 + x\,Mn^2 + x\,El^+$
スキーム3	満充電下の正極表面で起こる電解質との酸化反応機構 $2\lambda\text{-}Mn_2O_2 + x\,Li^+ + x\,El \longrightarrow Li_xMn_2O_4 + x\,El^+$
スキーム4	正極表面での $LiNiO_2$ と溶媒との求核反応

※Electrolyte を El と略称

電解液それぞれに対して、SEI膜形成過程における成分変化の可能性や、反応の生成量の増減、さらに無機塩（Li_2CO_3 や LiF）の析出やポリマーの生成が確認されています。ただし、電池の長時間の充放電の繰り返し、高電流での充電の繰り返し使用、および充電状態での長時間の放置により、SEI膜は変化して電池の満充電容量の減少やパワー密度の減少を引き起こします。

7.2.2　負極活物質の化学修飾

　現状で使用されている負極材料は、第2章の2.1節で記載したように、現市場では人造黒鉛主導で引き続き成長を続けています。しかしながら、車載用LIBでは短時間に大電流を充放電する場合の高レート対応のために、大電流向けのハードカーボンと高容量向けの黒鉛とを複合化した負極を用いたLIBが供給されています。ただし、この場合には、最初の充電で、15～30％の不可逆容量が出てしまいます。この不可逆容量は、化学反応に使われてエチレンやプロピレンのガス発生と関連しているため、ガス抜きをしてからパッケージしなければならないことになります（図7.11）[6]。

170

7.2 界面の化学修飾と制御

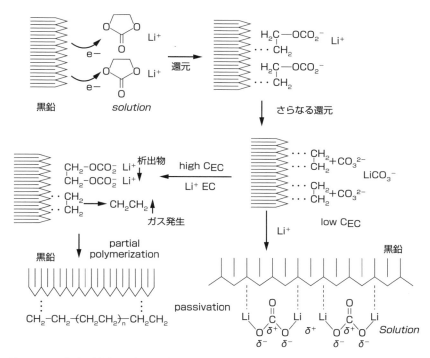

図 7.11 炭素系負極の表面で起こる電解質溶媒（エチレンカーボネート（EC））の還元反応機構

　この不可逆容量を、少なくとも10％以内に抑えるため、ビニレンカーボネートなどの添加剤を加えるというアイデアが採用されてきました。ここでは、充電したときに、リチウム負極はマイナス3V[*]ですから、負極表面は強い還元力があり、ビニレンカーボネートに電子1個が与えられます。カーボン層の表面上で低重合物となり、エチルエーテル単位を側鎖にした膜ができて、薄く被覆し、ガス発生が抑制されます。こうして、2回目以降の充電では非常に安定的にリチウムイオンが黒鉛負極の中に入っていくことを実現します。このようなビニレンカーボネートなどの添加剤の効果は、1990年代後期に国内メーカー

---

[*] 電位値は標準水素電極を対極としたときの数字です。

第 7 章　電池の性能改善

で見いだされ、現市販品にもこのアイデアは使われています。

　ここでは、良好な還元生成物の SEI 膜が形成されて、電池性能の向上をもたらします。すなわち、この SEI 膜は主に初充放電時に電解液成分や添加剤の分解によって活物質表面に形成され、電解液の分解を抑制するとともに、スムーズなリチウムイオンの挿入脱離を可能にします。第三成分の添加は、高出力・高容量といった電池の高性能化と熱暴走阻止や長寿命化といった高性能と安全性の実現の鍵の一つとなっています。

　しかしこの SEI 膜の正体や添加剤の役割については、実験による直接観察が難しいことから、まだよくわかっていません。電解液がどのように還元分解され、その後にどのように SEI 膜が形成されるのか、さらにこの膜の形成に添加剤はどういう役割を果たすのかといった基礎的な問題について、第一原理分子動力学法など計算科学を使用した方法でも詳しい反応解析が行われています。あわせて、他の添加剤の効果の一例として、ビニレンカーボネートの酸素原子をイオウ原子で置換した化合物などの提案も行われています。

　負極界面での金属リチウムの析出およびそのデンドライト生成の抑制の必要性に関しては言うまでもなく重要であり、前述の通りです。

7.2.3　電解質の改善

　現状で使用されている電解液は、2.3 節に記載したように、それぞれ支持塩に $LiPF_6$、有機溶媒にはエチレンカーボネート（EC）とジメチルカーボネート（DMC）、エチルメチルカーボネート（EMC）との混合液が主に使用されています。電解質と電極との直接接触による化学反応に関しては上に記しましたが、ここではその他の副反応をも考えなければなりません。それらは、電解液に混入した極微小量の水が関与した反応と熱分解反応です（**表 7.4**）。

　電解質に含まれた水分と電解質陰イオンである PF_6^- との反応、その後続反応として生成した PF_5 や HF と溶媒との反応、電解質塩の熱分解反応が、電極の活物質が関わらない副反応として生じて、電極表面での炭酸層やフッ化物層の生成、およびガス発生が誘起されます。電解液の EC が関わる電池の特性の

172

7.3 添加物による対策

表7.4 電解質塩および溶媒と水との反応機構

スキーム5	LiPF$_6$の加水分解反応 $LiPF_{6(sol.)} + H_2O \rightleftharpoons LiF_{(s)} + 2HF_{(sol.)} + POF_{3(sol.)}$ $PF_{5(sol.)} + H_2O \rightleftharpoons 2HF_{(sol.)} + POF_{3(sol.)}$
スキーム6	PF$_6^-$アニオンの電解酸化反応、F$^-$の生成およびHの引き抜き $PF_6^- \xrightarrow{-e} PF_6^{\cdot} \longrightarrow PF_5 + F^{\cdot} \xrightarrow{H\text{-abst.}} HF$
スキーム7	PF$_5$によるカーボネートの分解反応およびポリマー生成 $R{-}O{-}C(=O){-}O{-}R \xrightarrow{PF_5} R{-}F,\ R^1{-}O{-}R^2,\ alkenes,\ CO_2$ $n\ \text{(EC)} \xrightarrow{PF_5/HF} {-}[CH_2CH_2O]_n{-} + {-}[O{-}C(=O){-}(OCH_2CH_2)_n]{-} + nCO_2$

温度安定領域は、$-20\,℃ \sim +50\,℃$とされています。なぜなら、$-20\,℃$はEC混合液の融点の限界であり、$+50\,℃$以上はPF$_6^-$がECとの間で熱分解反応が開始される温度と考えられるためです。

7.3 添加物による対策

ここでは、電池性能の向上を目標とした前節で記載しなかったいくつかの典型的な添加剤に関して紹介します[6)-8)]。

EC/DMC溶媒中でのLiPF$_6$電解液中にリチウムビス（オキサレート）ボレート（LiBOB）を含有した場合には、LiMn$_2$O$_4$正極の溶解を防止する効果があると報告されています。ここでは、Mnの酸化還元対（III/IV）の不均化反応で生じたMn（II）が電解質に徐々に溶解してしまいますが、BOBが存在するとキレート錯体を生成して不溶化して正極表面に留まる効果があると報告されています[8)]。

溶媒中の微量水の除去には、N, N-diethylamino trimethylsilane のようなアルキルシラン化合物を添加すると、水およびHFの除去に効果があると報告されています。ただし、反応生成物が電池特性を妨害しないことが使用の前提と

第7章　電池の性能改善

表7.5　正極 Mn の溶解防止および溶媒含有水の除去に関する添加剤

スキーム8	LiMn$_2$O$_4$ 正極の Mn^{2+}溶解防止（BOB との錯体生成） 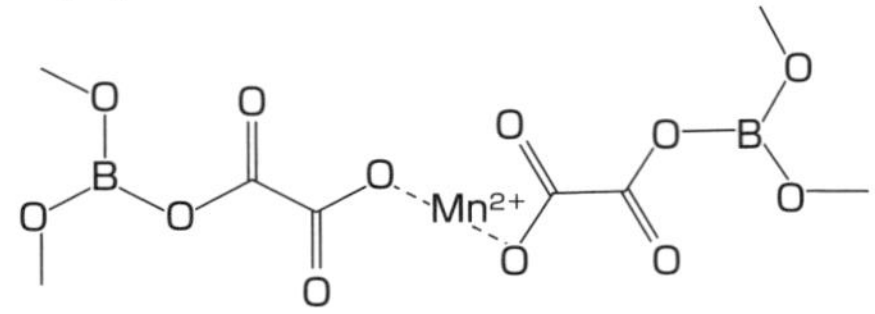
スキーム9	N,N–diethylaminotrimethylsilane による水およびフッ酸の除去 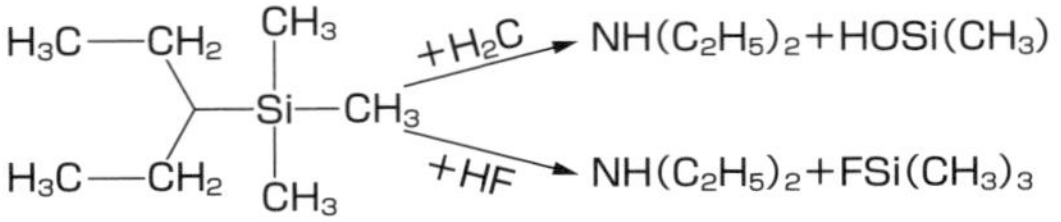 $+H_2O \rightarrow NH(C_2H_5)_2 + HOSi(CH_3)$ $+HF \rightarrow NH(C_2H_5)_2 + FSi(CH_3)_3$

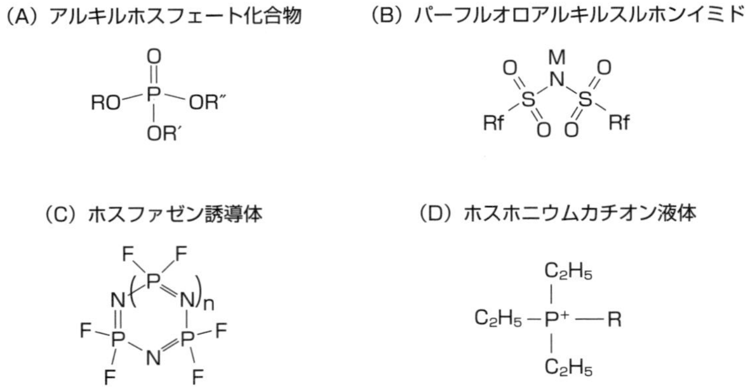

（A）アルキルホスフェート化合物　　（B）パーフルオロアルキルスルホンイミド

（C）ホスファゼン誘導体　　（D）ホスホニウムカチオン液体

図7.12　いくつかの添加剤

なります（**表7.5**）。LIB の作製では、微量水の除去にコストがかさむので、簡便な手法として、現在は中国の電池メーカーなどでは受け入れられています。

LiPF$_6$ の分解生成分の PF$_5$ は更なる副反応を誘起することが知られているために、その安定剤としてアルキルホスフェート化合物などのリン酸エステル添加剤の効果が提案されています（**図7.12**A）。負極のリチウムデンドライト生成の抑制では、セパレータ表面の Al$_2$O$_3$ 層形成が有効であることは紹介してきましたが、その効果は正極界面でも有効であり、その界面抵抗の低減にも有効で

174

7.3 添加物による対策

あることが知られています。よって、急速充電対応の市販 LIB でこの手法が採用されています。

黒鉛負極での溶媒分解生成物のアルキル炭酸塩は、電解液中の溶存ガスである CO_2 や SO_2 の添加で SEI 生成の反応機構に影響をおよぼすと考えられています。EC/DMC のような混合系溶媒では CO_2 の影響力はありませんが、SO_2 の影響はあると言われています。SO_2 の還元力により、その SEI 層には Li_2S や $LiSO_3$ を生成し、かつ黒鉛層の剥離を防止する効果があると報告されています。SO_3 の存在はイオン伝導性を高める効果もあります。

正極アルミニウム箔集電体について第 2 章の 2.4.4 項で記載したように、電池特性の向上や表面の耐食性向上のために、化学的表面処理やカーボン層のコートなどが行われています。この表面では不働態形成が安定性の維持にとって重要です。Al 集電体では、5.0 V まで安定と報告されていますが、実際には液体や固体系の電解質を用いた場合でも 4.5 V 付近で腐食が開始されることは知られています。活物質層への MgO、Mg(OH)、Al_2O_3、および AlOOH の添加により、AlF_3、MgF_2 が Al 集電体表面に生成することが確認されており、その表面 SEI 層の厚さは〜50 nm といわれています。これらの添加物で、電解液の分解によるガスの発生抑制には、MgO の効果が著しいとのことです。電解質に加える Al 集電体表面の安定化剤として、ビス（ペンタフルオロエタンスルホニル）イミドリチウムなどのパーフルオロアルキルスルホンイミドのリチウム塩が、集電体の穴あきの腐食を抑える効果があり、添加液として使用されています（図 7.12B）。

LIB は、高いエネルギーを出し入れするデバイスのために、難燃性の向上や不燃化の実現が重要課題です。この電池の構成材料には、可燃性あるいは支燃性の炭素、水素、酸素の各原子を持った化合物が材料として使われており、その難燃化などの対策が重要です。電解質液の難燃化では、図 7.13 に示すような PC 化合物へのフッ素置換基を導入した化合物の提案が行われています。なぜなら、フッ素化された化合物では、HOMO 順位が低くなり、耐酸化性が増し、高い耐電圧化が期待できるからです。ホスファゼンやその誘導体は、高温で不燃性のポリマー化することから、その添加物効果が期待されています[9]。一般

175

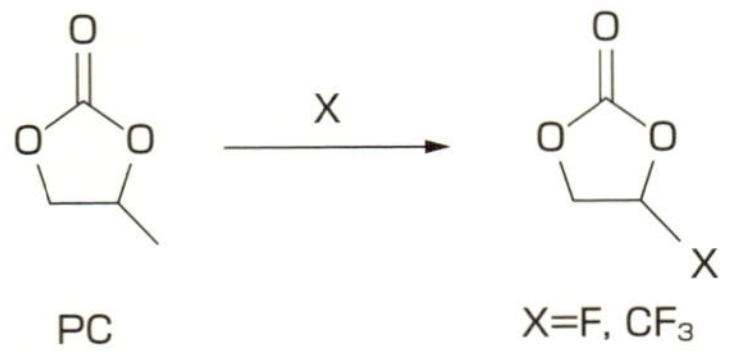

第 7 章　電池の性能改善

図 7.13　プロピレンカーボネートのフッ素化

に、フッ素化エーテル、フッ素化カーボネート系化合物では、燃焼時にガスになり酸素を遮断し消火能があり、引火点も高くなります。リン酸エステル、ホスファゼン、四級ホスホニウム液体塩などは、燃焼時にラジカルを消失させる能力があり、引火点のない難燃材となります（図 7.12C と D）。有機電解液とホスホニウム液との混合、リチウムイオンとホスホニウム二元系イオン液体の提案が行われています[7]。

　過充電防止剤として、高電位側で酸化反応を起こす芳香族系のフェノール化合物などが添加物の候補となっています。

　上記の添加物は、それぞれ優れた特性を持つ化合物でありますが、言うまでもなく、LIB の電池特性を阻害することなく、かつ安価に使用できることが前提となります。

文献

1) 幸琢寛，坂口眞一郎，三浦克人，河南順也，松村安行，長井龍，村田利雄，太田璋，吉村秀明，大串巧太郎，畠山望，宮本明「電極厚み方向の反応分布の評価とシミュレーション」，第 57 回電池討論会要旨集，3C20，216（2016）.

2) 幸琢寛，麻生圭吾，宮脇悟，黒角翔大，松村安行，江田信夫，長井龍，太田璋「高精度 Operando 電極厚み測定法の開発」，第 56 回電池討論会要旨集，3M21，63（2015）.

3) W. H. Woodford, W. C. Cartera, Y.-M. Chiang, Design criteria for electrochemical shock resistant battery electrodes, *Energy Environ. Sci.*, 5, 8014（2012）.

4) A. Mukhopadhyay, B. W. Sheldon, Deformation and stress in electrode materials for Li-ion batteries, *Prog. Mater. Sci.,* 63, 58 (2014).

5) 電気化学会電池技術委員会編「電池ハンドブック」, オーム社 (2010).

6) 小山昇「リチウムイオン二次電池の化学的原理と越えるべき課題―高出力容量, 長寿命, 高い安全性を求めて―」現代化学, 東京化学同人, 463 (10), 20-27 (2009).

7) K. Xu, Nonaqueous Liquid Electrolytes for Lithium-Based Rechargeable Batteries, *Chem. Rev.,* 104, 4303 (2004).

8) S. S. Zhang, A review on electrolyte additives for lithium-ion batteries, *J. Power Sources,* 162, 1379 (2006).

9) 梶原鳴雪「ホスファゼン化学の基礎」シーエムシー出版, p154 (2002).

第8章

新しい全固体リチウム
イオン二次電池の開発

第8章　新しい全固体リチウムイオン二次電池の開発

8.1　全固体電池の特徴と分析評価技術

8.1.1　全固体電池の特徴

　電解液を使った現行の液系 LIB は非常に優れた電池であり、身の周りにある多くの電子機器で電源として利用されています。他の種類の二次電池と比較して高い電圧・エネルギー密度を有する優れた電池ですが、それでもなお液系 LIB について改良の取り組みが進められています。その主な目的としては、さらなる安全性の確保、長寿命化、高エネルギー密度化、高入出力化といったものがあります。近年、これらを達成するための有力候補として、電解液を固体電解質に置き換えた全固体電池（全固体 LIB）が盛んに検討されています。その中でも、硫化物系全固体リチウムイオン二次電池は、次世代の EV 用電源の有力候補として大きな注目を集めており、近い将来の実用化が期待されています。ここでは、高性能と安全性の両立が可能な全固体 LIB について、その魅力と課題を現行の液系 LIB と比較しながら説明し、さらに、全固体 LIB 用に開発された構築プロセスや評価法などを紹介します。

固体電解質（硫化物系を中心に）

　表 8.1 に全固体 LIB 用の主な固体電解質の種類と Li^+ 伝導度を示します。固体電解質（SE）として重要なのは、Li^+ 以外を流さない電子絶縁性であること、高い Li^+ 伝導性と電気化学的安定性を有する（電位窓が広い）こと、界面接合が容易であることです。かつて、SE は Li^+ 伝導度が電解液と比べて低い、あるいは、電位窓の広さが不十分と思われており、そのために高性能な全固体 LIB の実現は困難と考えられていました。しかし、大阪府立大学の辰巳砂教授らのグループ[1),2)] と、東京工業大学の菅野教授らのグループ[3)] によって有機電解液に匹敵する Li^+ 伝導度を示す硫化物系 SE が開発されたのをきっかけとして、世界的に全固体 LIB が注目を集めるようになりました。全固体 LIB の開発では、ほかにも、酸化物系固体電解質や水素化物系固体電解質を用いた検討、Li_3BO_3、

8.1　全固体電池の特徴と分析評価技術

表 8.1　全固体 LIB 用の主な固体電解質（SE）の種類

材料種		電解質組成	Li⁺伝導度 (S cm⁻¹ @ 25 ℃)	主なプレーヤー /量産用途
無機固体 電解質	硫化物系	75 % Li_2S-25 % P_2S_5 ガラス	$1.8×10^{-4}$	出光興産等
		Li_6PS_5Cl （アルジロダイト結晶系）	$1.3×10^{-3}$	三井金属等
		$Li_7P_3S_{11}$	$1.7×10^{-2}$	辰巳砂グループ 出光興産
		$Li_{10}GeP_2S_{12}$（LGPS）	$1.2×10^{-2}$	菅野グループ トヨタ自動車
		$Li_{9.54}Si_{1.74}P_{1.44}S_{11.7}Cl_{0.3}$	$2.5×10^{-2}$	
	酸化物系	$Li_{2.9}PO_{3.3}N_{0.46}$（LiPON）	$3.3×10^{-6}$	アモルファス薄膜を 用いる薄型電池
		$Li_{1.3}Al_{0.3}Ti_{1.7}(PO_4)_3$（LATP）	$7×10^{-4}$	オハラ等
		$Li_7La_3Zr_2O_{12}$（LLZ）	$5×10^{-4}$	日本碍子 Schott 等
	水素化物系	$LiBH_4$–LiI	$2×10^{-5}$	東北大学 三菱ガス化学
高分子固体電解質 （SPE）		Li 塩＋分岐 PEO 系	$1×10^{-4}$	大阪ソーダ等
有機電解液		1 M $LiPF_6$/EC＋EMC（3:7）	$9.6×10^{-3}$	現行量産品
水系アルカリ電解液		30 wt % KOH 水溶液	$5.5×10^{-1}$	アルカリ一次電池 ニッケル水素電池

Li_2SO_4、Li_2CO_3 などの低融点ガラス材料を用いて界面を接合する技術、高分子固体電解質（SPE）の利用、ポリマーやイオン液体と無機固体電解質を複合したハイブリット系での検討なども行われています。これらの中で硫化物系 SEについては日本が先行している状況にあり、新規の材料や関連技術の研究開発が盛んに行われています。硫化物系 SE は可塑性を有しており、低抵抗な固体-固体界面の接合が常温プレス処理で容易に形成できることが最大の利点です。SE 材料の合成については、大学や研究所の実験室では長らく熱処理炉を用いた焼結法かボールミル装置を用いたメカニカルミリング法による合成が主流でしたが、最近ではより簡便な液相での合成法も開発されています。

　一方で課題が残るのは SE と活物質と界面での反応です。従来の酸化物系活

第 8 章　新しい全固体リチウムイオン二次電池の開発

物質を用いると SE との界面で酸素と硫黄が交換される、遷移金属の硫化が起こるという現象が見られます。現状では、活物質表面を 1～10 nm の厚みのニオブ酸リチウム（LiNbO$_3$）などの層でコーティングしてこの問題を回避しています。また、負極の銅箔集電体は硫黄と反応しやすいため、その代替として多くの検討でステンレス鋼（SUS）箔が使われています。

以降、本節の中では特に断らない限り、硫化物系全固体リチウムイオン二次電池のことを全固体 LIB と略記することにします。

全固体 LIB の魅力と課題

図 8.1 に液系 LIB と全固体 LIB の違いと、各試作電池の外観を示します。液系 LIB と全固体 LIB の違いは、正極/負極間で電子伝導を絶縁するためのセパレータ膜と、Li$^+$ 伝導を媒介する有機電解液が、SE に置き換わった点です。

液系 LIB では、ラミネートセルだけでなく、円筒型（数 Ah）や角形（数〜

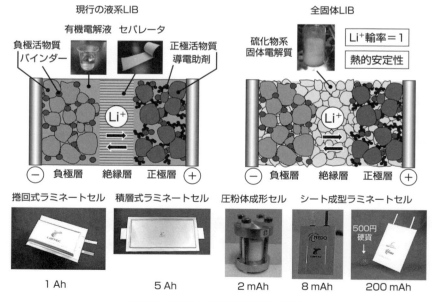

図 8.1　液系と全固体系 LIB の比較

8.1　全固体電池の特徴と分析評価技術

150 Ah）、コインセル（＜50 mAh）などが市販されていますが、それに対して全固体電池は LiPON のアモルファス薄膜を用いるウェアラブル用途や、積層セラミックコンデンサ（MLCC）技術を用いて製造されたプリント基板への表面実装（SMD）用の酸化物系全固体 LIB などの一部の小型電池の量産に限られており、それよりも大きな電池では、セル形状や製造プロセスも依然として固まっていないというのが現状です。しかし、研究開発段階では、圧粉体成形セルが材料の一次評価・スクリーニング用に主に用いられ、そして、実用セルに近い形で性能を検証するにはシート成型ラミネートセルが用いられています。

　全固体 LIB の利点と課題について、液系 LIB と比較する形で**表 8.2** にまとめました。主な利点としては、以下が挙げられます。可燃性の有機電解液を使わないことで安全性が高まります。SE が熱に強く、また、低温でも伝導度の低下が緩やかであるため冷却や保温の必要がなく電池の使用温度範囲が広がります。このことから、電池パックの冷却を不要にできる可能性があり、エネルギー密度と価格の両面で非常に大きなメリットが期待できます。また、SE の Li^+ 伝導度が高く、さらに、Li^+ 輸率＝1 であるため SE 層中の濃度分布が生じないことから、電極を厚膜化しやすいと考えられており、これもエネルギー密度と価格の面で利点が大きいと言えます。

　さらに研究室レベルでは以下についても確認されています。高電圧正極の利用ができること。高耐久性（長寿命）で自己放電が小さいこと。電解液と異なり、SE は電極やセル内で流動しないため、正負極、SE 層、粒子界面など場所ごとに異なる種類の SE を特性に応じて使い分けることが可能であること。例えば、高電位には強いが耐還元性が弱い SE を正極側だけに用いることもできるので、活物質材料の選択肢が広がります。また、硫黄系正極など、有機電解液への溶出が問題になる活物質も、SE では溶出の恐れがなく使用できます。

　一方、現時点での課題としては以下が挙げられ、対策が検討されているところです。電解液と異なり流動性のない SE は、充放電時の Li^+ の吸蔵放出にともなう活物質粒子の膨張収縮によって電極内の電子・イオンの伝導ネットワークが断裂しやすく、現状では電池を拘束して、ある程度加圧しないと良好な性能が得られないこと。SE と活物質の接触界面で副反応が生じやすいので緩衝層

183

第 8 章　新しい全固体リチウムイオン二次電池の開発

表 8.2　全固体 LIB の利点と課題

項目		全固体 LIB（硫化物系）		液系 LIB
		利点（ポテンシャルを含む）	課題	（比較用）
電極・電池設計		正極、負極、SE 層、粒子界面、など場所ごとに SE の種類を使い分けられ設計の自由度が高い、バイポーラセル構造が容易、電解液に溶出する活物質も使える	粒界の設計が煩雑、セルの拘束が必要、電極の膨張収縮や活物質粒子内部の空隙・亀裂に弱い、銅箔集電体は硫化される	設計指針がほぼ確立
製造プロセス		DRY プロセスの場合、半導体分野などのプロセスを転用できる可能性	基本的には積層式、量産の実績がなく電極化（プレス工程など）のプロセス・条件が未知、H_2S ガス対策	量産実績多数、特に捲回式は生産性に優れる
エネルギー密度		パックで液系 LIB の数倍の可能性、高電圧化と電極の厚膜化が可能	電極中の活物質比率を高くするのが難しい、電解質の比重が液より高い	モバイル用セル： 　　～700 Wh L^{-1} EV 用パック： 　　～250 Wh L^{-1}
性能	作動温度域	−40 ℃～100 ℃以上	耐熱性は活物質と SE の反応やバインダが律速	−30 ℃～45 ℃
	入出力特性	10 C 以上が可能、Li^+輸率=1、電極厚み方向に反応分布が起こり難い、Li^+の脱溶媒和が不要	粒界抵抗、コート層やバインダの使用による抵抗増	10 C 程度まで、Li^+輸率≒0.35、電極厚み方向に反応分布が起こり易い、Li^+の脱溶媒和が存在
	耐久性	電解質の安定性、液枯れがない、活物質の新生面での副反応がない、自己放電が少ない	膨張収縮による電子・イオンの伝導ネットワーク破壊	電解液の副反応、ガス発生、液枯れ、変質、自己放電
安全性	内部短絡	SE 層の強度と耐熱性が高い	電極設計によっては充電時に Li デンドライトが発生	低温での Li デンドライト耐性とセパレータの強度が低い
	加熱、有毒ガス、その他	高温に強い	水分と反応して H_2S ガスが発生 圧壊、外部短絡、過充電、過放電、振動、水没、耐火性等は現時点では不明確	液漏れ
コスト・資源・リサイクル		安価な硫黄（S）が主成分、セパレータ不要、パックの冷却レス化	電解質中の Li 濃度が高い（30～40 mol L^{-1}）、リン（P）資源の地理的偏在、リサイクル性は不明確、H_2S ガス	電解液中の Li 濃度 　　≒1 mol L^{-1}

184

8.1　全固体電池の特徴と分析評価技術

を設ける必要があること。固体–固体界面の粒界抵抗はLi^+伝導の障壁になること。SE が空気中の水分と反応し有毒な硫化水素（H_2S）ガスが発生するので製造工程の雰囲気が限定されること。このことは電池をリサイクルする際にも問題になる可能性があります。SE 中のLi^+濃度が有機電解液の 30～40 倍と高いため SE の低価格化が難しいと予想され、また、SE の主要構成元素のリン（P）資源は地理的な偏在の問題もあります。そして、全固体 LIB の電気化学についてはまだ不明な点が多くあります（研究成果や知見が蓄積されている最中です）。

　次に、実用化が期待される EV 用電源としての全固体 LIB の魅力を整理します。まず、現行の EV 用液系 LIB には、主にとして次の課題があります。①航続距離が不十分（HEV：1500 km、EV：400 km）、②電池パックが高価なため車両価格が高い、③充電時間が長く不便、④可燃性材料が用いられており安全性に懸念が残る、⑤経年劣化による耐久性の不足、の 5 点です。これに対して全固体 LIB はすべての項目でポテンシャルが高く、EV 用だけでなく、PHV、HEV 用途としても期待されています。ただし、現状ではこれらのポテンシャルを実験室における理想的な仕様のセルでは確認できるものの、実用レベルの仕様ではエネルギー密度や入出力の性能はまだ十分に引き出せておらず、耐久性や安全性など未確認な部分も多くあります。

8.1.2　全固体 LIB の試作方法

　全固体 LIB の各種評価・解析を行うために必要となる試作電池の代表的な構築プロセスについて図 8.2 に例示します。上段に示すのは材料スクリーニングや基礎データ取得に用いる圧粉体成形セルで、SE を投入して軽くプレス処理し、続いて、正極、負極の順に粉体を投入してプレス処理するという手順で作製します。短絡防止のために SE 層は 500 μm 以上と分厚い構造となっています。バインダを用いなくても電池を構築することができるので、バインダやプロセスの影響を排除して材料自体の性能を評価することができます。下段に示す単層のシート成形セルでは、活物質、SE、バインダを含むスラリーを塗工・乾燥し

185

第8章 新しい全固体リチウムイオン二次電池の開発

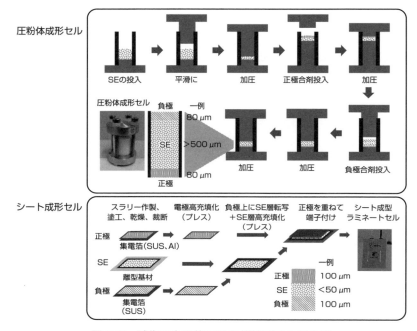

図 8.2 試作用全固体 LIB の構築プロセスの例

て得た負極を、バインダを含む SE 層に転写します。これを正極と重ね、プレス処理してセルを構築します。SE 層が 10〜50 μm 程度に薄くでき、実用セルを模擬した検討に用いることができます。各材料（活物質、SE、バインダ、導電助剤）の塗工プロセスの適合性などプロセス要因を含めた評価が可能となります。

8.1.3 全固体 LIB の評価法

全固体 LIB に用いる新規材料の性能や、設計を変更した電極・電池などを正しく評価するための評価法の開発が進められており、その一端を紹介します。以下に示す検討例では特に断らない限り、厚さ 5 nm のニオブ酸リチウム（$LiNbO_3$）層を表面にコートした $LiNi_{0.5}Co_{0.2}Mn_{0.3}O_2$（NCM523）正極に黒鉛負

極を組み合わせ、SE に 75 % Li_2S-25 % P_2S_5 ガラス（LPS7525G）を用いた電池系を使用しています。これらは全固体 LIB の検討で用いられている代表的な材料の組み合わせです。

参照電極を用いた 3 極セル評価

圧粉体成形セルでの初期検討段階では、内部抵抗が高くレート特性が悪い、あるいは、充電時に微小短絡挙動がある、などの課題に直面することがあります。これに対しては内部抵抗を分離して評価する手法が有効ですが、それには電池電圧を正極と負極に分離するための 3 極セル用参照電極が必要です。図 8.3 に示した圧粉体成形セルでは、分厚い SE 層の中央部に Cu 細線を参照電極として突き刺すと細線表面に硫化銅が生成します。Cu/CuS の標準酸化還元電位分をオフセットすることにより正極と負極の電位を分離することができます[4]。長期安定性に課題があるものの初期特性の評価には使用可能です。図 8.3 に示す 3 極セルを用いた評価例では、電池電圧で微小短絡挙動が見られる瞬間に負極電位が 0 V になっていることが確認できます。したがって、この微小短絡は Li デンドライトの生成が原因であると推定できます。また、正極の電位を分離した解析による別の検討では、特定の設計がなされた電池の出力性能の律

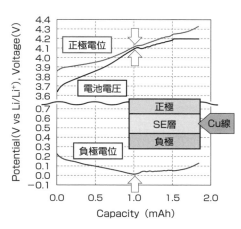

図 8.3　参照電極を利用した電圧分離と微小短絡挙動の解析

第 8 章　新しい全固体リチウムイオン二次電池の開発

速の原因が正極側にあることが確認でき、そのほかにもこの 3 極セルは間欠放電試験や拡散係数を測定する GITT 法（Galvanostatic Intermittent Titration Technique）などの解析に活用することができます[4]。また、Cu 細線以外にも 1.55 V（Li/Li[+]）程度で一定電位を示す $Li_4Ti_5O_{12}$ を参照電極に用いることが可能です。

抵抗分離

　次に、正極の抵抗成分を電子抵抗とイオン抵抗とに分離する評価法を紹介します。SUS/正極層（未充放電）/SUS の構成のイオンブロッキングセルを用いて交流インピーダンス測定を行い、伝送線モデルの等価回路を適用して解析することにより、電極内の電子抵抗（あるいは有効電子伝導度）とイオン抵抗（あるいは有効イオン伝導度）を一度で分離することができます[5]。正極中の活物質比率の増大によるイオン伝導度の低下と、電子伝導度の増加というトレードオフの関係が、この評価法を用いることでわかります。さらに、この評価法は電極の曲路率の算出や、電子・イオンの各活性化エネルギーの取得にも活用することができます[4]。

　負極の抵抗成分については未充放電の負極/SE 層/負極の構成の対称セルについて交流インピーダンス測定を行い、伝送線モデルで解析して電極内のイオン抵抗（あるいは有効イオン伝導度）を定量的に評価することができます[6]。**図 8.4** は、負極中の活物質（黒鉛）比率と有効イオン伝導度の関係を評価した例です。図 8.4a は、活物質比率を変化させた際の負極層の断面 SEM 像です。活物質比率の増大にともない電極内での SE の連結性が悪化していく様子がわかります。図 8.4b は、活物質比率と有効イオン伝導度の関係をプロットしたもので、SEM 断面の観察結果と同じ傾向が数値的にも確かめられます。すなわち、活物質比率の増大にともない、電極の有効イオン伝導度が 2.5×10^{-5} S cm^{-1} から 1.2×10^{-6} S cm^{-1} に減少しています。図 8.4c は、電池内での電子・イオンの主な抵抗（伝導度はその逆数）成分を図解したものです。この図は放電時のものですが、充電時は単純に矢印が逆向きになります。活物質比率が高く有効イオン伝導度が低い負極では Li デンドライトが発生しやすくなり、微小短絡耐

8.1 全固体電池の特徴と分析評価技術

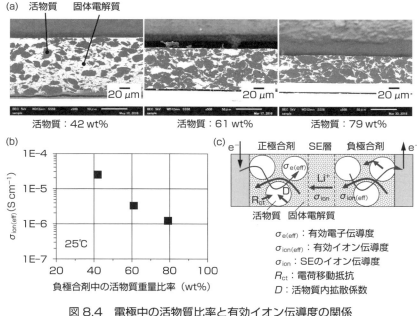

図 8.4 電極中の活物質比率と有効イオン伝導度の関係
(a)電極の断面 SEM 像、(b)有効イオン伝導度、(c)電池内の主な抵抗成分

性が顕著に低下することが別の評価で確認されています[6]。特に、SE 層が薄いシート成形セルを用いて評価する場合に、この問題が顕在化します。この対策として活物質比率を下げると微小短絡の発生は抑制されますが、その代わりにエネルギー密度が犠牲となります。したがって、エネルギー密度と微小短絡の防止の両立には、SE や活物質の粒形、イオン伝導度、弾性率などを最適化させることが有効となります[6]。

昇温時の発熱挙動

充電状態にある全固体 LIB の昇温時の発熱挙動の解析について紹介します。一般的に電池の安全性評価には最低でも 1 Ah 級以上のセルが必要とされていますが、全固体 LIB でそのような大きなセルを多数準備するのは現時点では困難です。そこで、構成材料の熱特性を電池の熱挙動・安全性を理解するための

第 8 章 新しい全固体リチウムイオン二次電池の開発

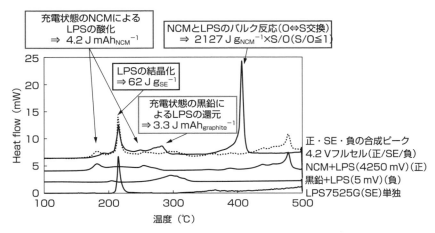

図 8.5 満充電状態にあるフルセルの昇温時の発熱メカニズム

有用な指標として利用することができます。以下に、その具体例を示します。

評価では対極に LiIn 合金を用いた圧粉体成形セルを用いて、NCM523 正極、黒鉛負極を充電状態にした後、正極と負極をそれぞれ採取して示差走査熱量測定（DSC）と XRD 測定を行いました。SE 層単独（LPS7525G）、負極合剤（黒鉛＋LPS @ 5 mV）、正極合剤（NCM＋LPS @ 4250 mV）、満充電状態のフルセル（正極/SE/負極@ 4200 mV）について、それぞれ詳細に解析してまとめたものを図 8.5 に示します。SE 層単独、負極合剤、正極合剤の各層のデータを合成したチャートをグラフに追加して比較したところ、フルセルの挙動と各層の合成データの挙動がほぼ一致し、フルセルの発熱挙動を説明することができます。150 ℃からの発熱は充電状態の NCM による LPS の酸化に対応し、200 ℃過ぎの発熱は LPS の結晶化に帰属できます。また、300 ℃手前の発熱は充電状態の黒鉛による LPS の還元に対応し、400 ℃付近の発熱は NCM と LPS の酸素（O）と硫黄（S）の交換反応に対応しています。一見、400～500 ℃付近のピークのみ発熱量が異なるように見えますが、次のように合理的な説明ができます。すなわち、フルセルの場合には正極層以外に SE 層や負極層にも LPS が存在するため、図中に示す式中の S/O モル比率が正極単層の場合よりも大きくなり、そ

8.1 全固体電池の特徴と分析評価技術

のため発熱ピークも大きくなったと考えられます。このようにフルセルの発熱挙動の説明を各層単層から得られた熱特性を使って行えるという汎用性の高い評価法が開発されています[7]。本手法はセル設計の段階で発熱開始温度や発熱量、到達温度などが予測できるため、電池の安全性を評価するための知見として非常に有用です。

圧力依存性の評価

固体−液体界面の反応を利用する液系 LIB と比較して、固体−固体界面を使う全固体 LIB では Li^+ 伝導経路の形成が難しく、プレス処理による電極の高密度化や拘束冶具の使用による加圧の維持によって Li^+ 伝導経路を確保しているというのが実態です。EV 用のセルでは電池が大面積化するため、拘束圧の低減は不可避となります。そこで、シート成形セルの拘束圧による影響を検討する必要があり、その評価法について紹介します。この評価例では、NCM523/黒鉛の電池系で面積容量密度は 2.3 mAh cm^{-2} とし、SE にはアルジロダイト結晶系を用いています。シート成形セルの拘束圧は 2～2000 kg cm^{-2} の範囲で比較しました。

まず、充放電評価では、拘束圧を低くするほどサイクル特性の容量維持率が低下して分極が増加する傾向がみられ、充電時には Li デンドライトによる微小短絡挙動の増加が確認されました。これは、拘束圧の減少によって固体−固体界面の接触性が低下すると共にイオン伝導経路の合計の断面積が減少して抵抗が増加し、細い伝導箇所に電流（＝Li^+ 流束）が集中して Li デンドライト成長が促進されたためと考えられます。

拘束圧と電池容量に相関があることから、XRD を用いて電極内の反応分布を測定することで拘束圧によって生じる固体−固体界面接合の局所的評価を行いました[8),9)]。透過光学系で透過能力の高い Mo の特性 X 線源と 2 次元検出器を用いることで厚さ 600 μm のシート成形電池でも短時間測定が可能となり、オペランド測定が実現できます。

測定には正極が 20 mm 角、SE 層および負極が 25 mm 角サイズのサイクル評価後のセルを使用し、測定点を電極中心から外側に 4 mm 間隔で移行させなが

191

第 8 章　新しい全固体リチウムイオン二次電池の開発

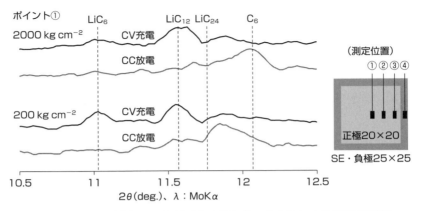

図 8.6　XRD 測定を用いたサイクル後セルの拘束圧による影響の評価

ら 4 点（図 8.6 に示すポイント①～④）で測定しました。200 と 2000 kg cm^{-2} でそれぞれ拘束を行ったセルで面内反応分布を比較したところ、拘束圧によらず電極中央①から正極端③では均一に反応しており、正極がない非対向部④では黒鉛負極中に取り込まれた Li$^+$ がほとんど反応に関与せず固定化されていることがわかりました。図 8.6 にポイント①における黒鉛由来のパターンを比較したものを示します。拘束荷重の減少により、活物質の利用 SOC 範囲が狭くなっており、この傾向はサイクル特性の結果と対応しています。

全固体 LIB の膨張収縮

　電池厚みのオペランド測定を行うことで活物質の体積変化によって生じる固体-固体界面の接合の変化を充放電中の電池厚みの変化で評価できます。電池の厚み変化を 0.1 μm の分解能で連続測定できるシステムを用い、単層のシート成形セルについて測定を行いました（7.1.4 参照）。拘束なしで充放電すると、図 8.7 に示すように充電時に電池厚みが増加し、続く放電時に電池厚みが減少します。しかし、放電末期に完全に元の厚みに戻ることはありません。厚さ 600 μm のシート成形電池では、10 サイクルの充放電後に約 7 μm（約 1 %）の厚み増加がありますが、この増加は徐々に収束する傾向が見られました[8),9)]。

8.1 全固体電池の特徴と分析評価技術

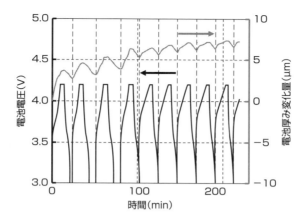

充電　(CC)0.1C、(CV)4.2V–0.01C cut-off
放電　1〜3cyc (CC)0.1C、(CV)3.0V–0.01C cut-off
　　　4〜cyc (CC)0.1C、3.0V cut-off
温度　25℃

図 8.7　シート成形セルのオペランド厚み変化測定

これは充放電にともなう活物質の体積変化によって電極内の空隙量が増加したためと推測されます。拘束なしの条件から 2000 kg cm^{-2} の拘束圧に変更するとサイクル特性は大幅に向上しました。拘束によって空隙の増加が抑制され、電池内の導電ネットワークが維持されたためと考えられます。液系 LIB に比べて膨張収縮の影響を受けやすいと考えられる全固体 LIB では、サイクル劣化の解析やその対策を検討するにあたり、今後、このような評価法の重要性が増すと思われます。

　ポスト液系 LIB の本命と期待される全固体 LIB について、試作電池の構築プロセスと評価法を中心に紹介しましたが、液系 LIB を凌駕するポテンシャルを有する全固体 LIB が広く実用化されるためには、まだ越えなければならない技術的な課題が少なくありません。高イオン伝導性を有する固体電解質材料の開発や低抵抗な固体–固体界面の設計などに関する指針はまだ明瞭ではなく、量産用の製造プロセスも定まっていません。世界中で激しい開発競争が繰り広げ

第8章　新しい全固体リチウムイオン二次電池の開発

られているホットな分野が全固体 LIB なのです。なお、ここで紹介した内容は
あくまで執筆時点での技術であるため、今後大きく変わっていく可能性もあり
ます。

　8.1 の一部は、NEDO プロジェクト「先進・革新蓄電池材料評価技術開発（第
1 期)」の委託を受けて LIBTEC により実施されました。

（8.1　LIBTEC　幸琢寛）

8.2　全固体電池の材料開発と作製プロセスにおける分析評価技術

　LIB は近年、モバイルデバイスから電気自動車、大規模蓄電池まで、そのポ
テンシャルを活かし様々な形で利用されています。従来型 LIB では、有機溶媒
系の電解液が用いられており、高温使用時の分解、ガス化、あるいは発火など、
安全面に懸念があります。この電解液を不燃性の固体電解質に置き換えたもの
が全固体電池であり、次世代 LIB の本命として近年研究が活発に進められてい
ます。高い安全性に加え、広い電位窓を有することから、5 V 級の高電位正極
への適用が期待されています。これまで固体電解質は、イオン伝導度が有機系
電解液より低いとされてきましたが、近年有機系電解液を超える、高イオン伝
導度を発現する材料が報告されており[10]、その進展にますます注目が集められ
ている状況にあります。

　固体電解質の中でも特に注目されている材料が、硫化物固体電解質です。イ
オン伝導度、成型性等の観点から、次世代電池用電解質の本命とされ、現在多
く研究開発が進められています。本節では硫化物固体電解質を用いた全固体電
池について、前節とは視点を変えて、①材料開発、②電池作製プロセスの 2 つ
のステージについて、それぞれに有用と思われる分析手法と、その評価事例を
示します。

8.2.1 材料開発

組成

 硫化物固体電解質、例えば Li_3PS_4 は、イオン伝導度の高い電解質として知られており、その組成、構造によりイオン伝導度が $3.2 \times 10^{-3}\,S\,cm^{-1}$ まで向上することが知られています[1]。近年の報告例では、硫化物固体電解質に微量の塩素を添加することで、有機系電解液を超えるイオン伝導度($2.5 \times 10^{-2}\,S\,cm^{-1}$)が実現されており[10]、今後主成分のみならず、微量元素を含めた、正確な組成定量方法が重要になると考えられます。

 表面分析の一手法であるラザフォード後方散乱分光法(Rutherford Backscattering Spectrometry:RBS)は、そのような目的に応えることのできる分析手法です。関連手法である水素前方散乱分光法(Hydrogen Forward Scattering Spectrometry:HFS)、核反応解析法(Nuclear Reaction Analysis:NRA)と併せて、原理図を**図 8.8** に示します。

 加速器を用いて水素、ヘリウムなど軽イオンを数 MeV まで加速し、試料に照射します。RBS では試料構成元素との弾性散乱により、後方に返ってきた入射粒子のエネルギースペクトルを取得します。このスペクトルを解析することで、試料表面〜数 μm までの組成深さ分布が評価できます。同様に、前方に反跳された水素を検出する手法が HFS、試料中軽元素(Li 等)との核反応により発生した α 線、γ 線を検出する手法が NRA です。RBS-HFS-NRA 法の特徴は、

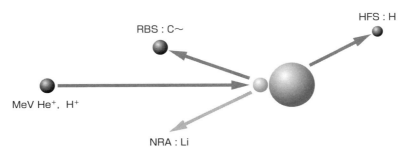

図 8.8 RBS-HFS-NRA 法の原理

第8章 新しい全固体リチウムイオン二次電池の開発

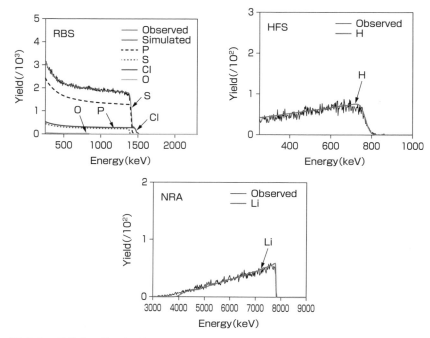

図8.9 硫化物固体電解質のRBS-HFS-NRAスペクトルとフィッティング結果

その定量値の確度の高さにあり、本手法により、正確な深さ方向の組成分析が可能となります。

分析例として、アルジロダイト型硫化物系固体電解質である、Li_6PS_5Clの組成評価事例を示します。**図8.9**は、得られたRBS、HFS、NRAスペクトルであり、これらのスペクトルを併せて解析することで、試料の組成定量値が得られます。本試料の設計値Li_6PS_5Clに対し、定量値は$Li_{5.7}PS_{4.8}Cl_{0.9}O_{0.4}H_{0.4}$が得られ、主成分比率は設計値に概ね近いものの、H、O等の不純物の存在も認められる結果が得られました。確度の高い定量値が得られることから、設計値との直接比較が可能であり、かつ微量元素、不純物を含めた評価を行うことで、材料設計、試料作製方法の改善、あるいは特性発現メカニズム解明につながると考えられます。

8.2　全固体電池の材料開発と作製プロセスにおける分析評価技術

表面コート層被覆状態

　全固体電池の実用化に際し、解決すべき課題として、活物質–固体電解質間の界面抵抗低減が挙げられます。液系 LIB では顕在化しない課題ですが、全固体電池では活物質–電解質間は固体–固体界面となるため、この界面をいかに制御できるかが特性向上の鍵となります。この課題解決のため提案されているのが、活物質表面へのコート層形成[11],[12]です。活物質表面に Li イオン伝導性を有する材料でコート層を形成することで、活物質–固体電解質間の界面抵抗減少、および元素の相互拡散抑制につながると考えられています。このコート層は膜厚が薄く、かつ活物質を均一に被覆していることが求められるため、その被覆状態評価が可能な手法として、飛行時間型二次イオン質量分析（Time of Flight Secondary Ion Mass Spectrometry：TOF–SIMS）、透過型電子顕微鏡（Transmission Electron Microscopy：TEM）による事例を紹介しましょう。

　試料は $Li_4Ti_5O_{12}$：LTO コートを施した $LiCoO_2$：LCO 粉末を用いました。コート層の厚みとして thin、thick の 2 種類を準備しました。**図 8.10** に、TOF–SIMS による試料表面の 2 次元イメージング結果を示しています。

　LTO thin では、活物質由来の $CoO_2{}^-$ が多くの領域で検出されているのに対し、LTO thick では、コート層由来の $TiO_3{}^-$ が視野全体でほぼ均一に検出されています。この結果から、LTO thin ではコート層の被覆が不均一かつ不十分である一方、LTO thick ではコート層が活物質表面に均一に形成され、十分な被覆が実現されていると推定されます。TOF–SIMS の高感度、高空間分解能（～$0.3\,\mu m\phi$）という特徴を活かし、活物質表面コート層の平均的な被覆状態が議論可能です。

　LTO thin、LTO thick のより詳細な被覆状態を解析するために、TEM–EDX（Energy Dispersive X–ray Spectrometry）分析を実施しました。**図 8.11** に結果を示します。

　TEM–EDX の空間分解能を活かし、活物質 1 粒子ごとの詳細な形態観察が可能です。LTO thin では場所により Ti が検出されなかったことから、LTO コートが不均一であることが示唆されます。一方 LTO thick では、LTO が一様に被覆されており、平均的な LTO 膜厚は約 1.3 nm でした。このように TEM–

第8章 新しい全固体リチウムイオン二次電池の開発

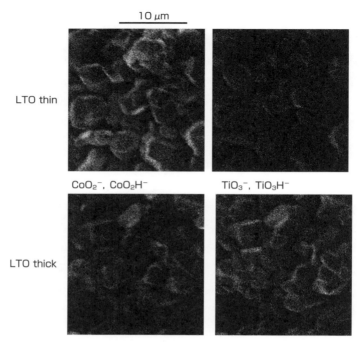

図8.10 TOF-SIMSによる表面コート層の被覆状態評価

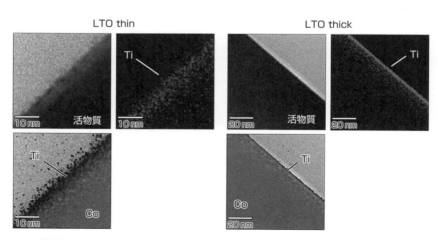

図8.11 TEM-EDXによる表面コート層の被覆状態評価（口絵参照）

8.2　全固体電池の材料開発と作製プロセスにおける分析評価技術

EDX では、得られる情報が局所的となるものの、元素分布、膜厚分布等詳細な形態情報が取得可能です。今回紙面の都合で割愛しますが、コート層の平均的、定量的な被覆率評価には、低速イオン散乱（Low Energy Ion Scattering：LEIS）も有効であり、注目点に応じて各手法の使い分け、あるいは複数手法での総合的な解釈が重要となります。

8.2.2　電池作製プロセス

　全固体電池作製プロセスでは、一般的に加圧成型が用いられます。固体電解質の合成後、活物質、導電助剤と共に電極合剤を作製し、積層プレス成型により硫化物系全固体電池が得られます。この形成された全固体電池の形態的な情報は、積層プレス条件の設定のみならず、固体電解質の種類、粒径選定、固体電解質、活物質、導電助剤量のバランスなど、全固体電池作製の指針を定めるために極めて重要です。多くの場合走査型電子顕微鏡（Scanning Electron Microscopy：SEM）が用いられますが、ここでは、これを 3 次元に拡張した 3D-SEM の評価事例を紹介します。

　試料には正極合剤/固体電解質の 2 層ペレットを使用しました。正極合剤に NMC（$LiNi_{1/3}Mn_{1/3}Co_{1/3}O_2$）/$Li_3PS_4$、固体電解質に Li_3PS_4 を用い、加圧成型によりペレットを作製しました。この試料の正極合剤における 3D-SEM 分析結果を図 8.12 に示しています。

　3D-SEM 像から、各部材の分散性、配合比率、偏在度、空隙の有無等が評価できます。これに画像解析を適用することにより、活物質、固体電解質の抽出が可能であり、活物質-固体電解質の 3 次元での分散性が評価できます。さらに 3 次元での空隙分布、活物質の繋がりの情報を抽出することも可能です。これらの画像解析結果から、活物質-固体電解質、活物質-空隙それぞれの接触面積を計算した結果が次の図 8.13 です。

　活物質-固体電解質の接触面積は、イオン伝導パスを反映していると考えられるため、電池特性向上のための指針となります。このように 3D-SEM から得られる様々な情報と作製プロセス、電池特性を比較検証することで、例えば成

第8章 新しい全固体リチウムイオン二次電池の開発

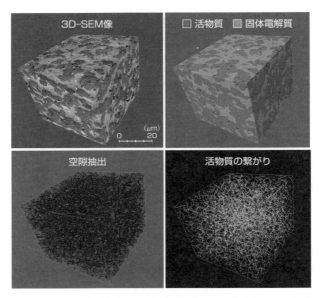

図8.12 3D-SEMによる分散性評価と各パラメータの抽出結果（口絵参照）

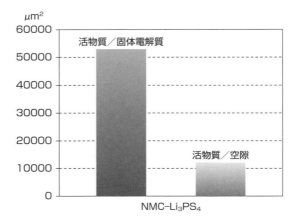

図8.13 3D-SEMによる活物質-固体電解質と活物質-空隙の接触面積定量結果

200

8.2 全固体電池の材料開発と作製プロセスにおける分析評価技術

型時のプレス圧、固体電解質の微細化、活物質-固体電解質のバランス調整など、工程改善に繋げることが可能になると考えています。

　本節では硫化物系全固体電池に着目し、材料評価、全固体電池作製プロセス評価に有用と思われる分析手法、および評価事例を紹介しました。全固体電池のような新たなデバイス開発には、適切な分析手法の選択、および結果の解釈が極めて重要です。全固体電池の研究開発においては、今後ますます新材料開発、プロセス改良が進むと考えられ、その進化に対応する評価技術もまた求められています。

（8.2　株式会社東レリサーチセンター　齋藤正裕）

文献

1) F. Mizuno, A. Hayashi, K. Tadanaga, M. Tatsumisago, New, Highly Ion-Conductive Crystals Precipitated from $Li_2S-P_2S_5$ Glasses, *Adv. Mater.*, 17, 918 (2005).

2) Y. Seino, T. Ota, K. Takada, A. Hayashi, M. Tatsumisago, A sulphide lithium super ion conductor is superior to liquid ion conductors for use in rechargeable batteries, *Energy Environ. Sci.,* 7, 627 (2014).

3) N. Kamaya, K. Homma, Y. Yamakawa, M. Hirayama, R. Kanno, M. Yonemura, T. Kamiyama, Y. Kato, S. Hama, K. Kawamoto, A. Mitsui, A lithium superionic conductor, *Nature Materials,* 10, 682 (2011).

4) 佐藤智洋，八幡稔彦，平瀬征基，小森知行，前田英之，木下郁雄，廣瀬道夫，城間純，竹内友成，蔭山博之，小島敏勝，幸琢寛，長井龍，太田璋「硫黄系固体電解質を用いた全固体電池の電気化学評価手法の検討」，第 56 回電池討論会要旨集，2F04，429 (2015).

5) Z. Siroma, T. Sato, T. Takeuchi, R. Nagai, A. Ota, T. Ioroi, AC impedance analysis of ionic and electronic conductivities in electrode mixture layers for an all-solid-state lithium-ion battery, *J. Power Sources,* 316, 215 (2016).

6) 平瀬征基，吉田博明，前田英之，加賀田翼，木下郁雄，大村淳，板井信吾，鰐渕

第 8 章　新しい全固体リチウムイオン二次電池の開発

　　瑞絵，廣瀬道夫，松村安行，幸琢寛，長井龍「硫化物系全固体電池における微小短絡現象と負極のイオン伝導性」，第 58 回電池討論会要旨集，1C29，160（2017）.

7 ）吉田博明，平瀬征基，前田英之，加賀田翼，木下郁雄，大村淳，板井信吾，鰐渕瑞絵，廣瀬道夫，松村安行，幸琢寛，長井龍「硫化物系全固体電池の昇温時発熱挙動・機構解析」，第 58 回電池討論会要旨集，1C30，161（2017）.

8 ）木下郁雄，平瀬征基，前田英之，吉田博明，加賀田翼，大村淳，板井信吾，鰐渕瑞絵，廣瀬道夫，松村安行，幸琢寛，長井龍「硫化物系固体電解質を用いた塗布型全固体電池の電池特性の拘束荷重依存性」，第 58 回電池討論会要旨集，3C09，198（2017）.

9 ）溝口高央，板井信吾，大村淳，平瀬征基，吉田博明，加賀田翼，鰐渕瑞絵，廣瀬道夫，松村安行，幸琢寛，松本和伸，村田利雄，吉村秀明「硫化物系シート型全固体電池における特性向上と解析」，第 59 回電池討論会要旨集，1B20，74（2018）.

10）Y. Kato, S. Hori, T. Saito, K. Suzuki, M. Hirayama, A. Mitsui, M. Yonemura, H. Iba, R. Kanno, High-power all-solid-state batteries using sulfide superionic conductors, *Nature Energy,* 1, 16030（2016）.

11）N. Ohta, K. Takada, L. Zhang, R. Ma, M. Osada, T. Sasaki, Enhancement of the High-Rate Capability of Solid-State Lithium Batteries by Nanoscale Interfacial Modification, *Adv. Mater.,* 18, 2226（2006）.

12）N. Ohta, K. Takada, I. Sakaguchi, L. Zhang a, R. Ma, K. Fukuda, M. Osada, T. Sasaki, $LiNbO_3$-coated $LiCoO_2$ as cathode material for all solid-state lithium secondary batteries, *Electrochem. Commun.,* 9, 1486（2007）.

索　引

欧文・数字

1/2 乗則 ……………………… 98, 130
3D–SEM ……………………… 199
3D 化表現 …………………………… 93
AB ………………………………… 49
AIS ………………………………… 68
Al 集電体 ………………………… 175
Bode 線図 ……………………… 82, 92
Bruggeman 型近似 ……………… 124
CNLS ……………………………… 71
Cottrell 式 ………………………… 78
CPE ………………… 71, 85, 135
CV ………………………………… 68
DB ………………………………… 91
DEC ……………………………… 42
DMC ……………………………… 42
dV/dQ 曲線 …………………… 127
EC ………………………………… 42
ECM ……………………………… 70
EMC ……………………………… 42
ex situ ………………………… 156
FF 法 ……………………………… 68
HEV ……………………………… 150
HFS ……………………………… 195
in situ ………………………… 156

Laviron モデル …………………… 19
LEIS ……………………………… 199
LiBOB …………………………… 173
Newman モデル ………………… 123
NMP ……………………………… 48
NRA ……………………………… 195
Nyquist プロット ………… 82, 92, 135
N–メチルピロリドン ……………… 48
OCV 曲線 ………………………… 126
PEO ……………………………… 45
PHV ……………………………… 148
PVdF ……………………………… 48
RBS ……………………………… 195
Sand 式 …………………………… 75
SBR ……………………………… 48
SE ………………………………… 180
SEI ……………………………… 87
SEI 被膜 ………………………… 101
Si 負極 …………………… 36, 161
SOC ……………………… 129, 159
SOH 推定ソフトウェア ………… 145
SOP ……………………………… 151
State of Charge …………………… 8
TEM ……………………………… 197
TOF–SIMS ……………………… 197
XRD ……………………………… 159

203

索 引

X 線回析 ……………………… 159

あ

アセチレンブラック ………… 49
アノード ……………………… 12
アルキルシラン化合物 ………… 173
アレニウス式 ………………… 137
安全弁 ………………………… 114
イオン液体 …………………… 44
易黒鉛化性炭素 ……………… 35
イナートゾーン電位 ………… 25
インピーダンススペクトル ……… 68
インピーダンス特性 ………… 139
インピーダンス特性変化 ……… 137
エチルメチルカーボネート ……… 42
エチレンカーボネート ………… 42
エネルギー効率 ……………… 56
エネルギー密度 ……………… 8
エンタルピー ………………… 13
エントロピー ………………… 13
オペランド評価 ……………… 156
オリビン型リン酸鉄リチウム ……… 37

か

ガーネット型構造 …………… 45
カーネルモデル ……………… 144
カーボンブラック …………… 50
化学ポテンシャル …………… 10
拡散インピーダンス ………… 83

核反応解析法 ………………… 195
過充電防止剤 ………………… 176
カソード ……………………… 12
過電圧 ………………………… 13
機械学習手法 ………………… 140
擬似等価回路 ……………… 12, 135
起電力 ………………………… 13
ギブスエネルギー ………… 10, 13
局所 SOC ……………………… 161
曲路率 ………………………… 124
クーロン効率 ………………… 56
釘刺し試験 …………………… 114
屈曲度 ………………………… 124
クロソ系錯体水素化物 ………… 45
クロノアンペロメトリー ……… 68
クロノポテンショグラム ……… 16
クロノポテンショメトリー ……… 68
高温履歴 ……………………… 88
格子-ガスモデル ………… 17, 19
高速クロノポテンショグラム ……… 146
高速フーリエ変換インピーダンス法
……………………………… 68
黒鉛 …………………………… 6, 34
黒鉛負極 …………………… 27, 175
固体電解質 ………………… 44, 180
コバルト酸リチウム ………… 2, 6, 37

さ

サイクリックボルタモグラム ……… 17
サイクリックボルタンメトリー …… 68

索　引

サイクル試験 ······················ 104
サイクル劣化 ······················ 109
最小二乗カーブフィッティング解析
······································ 135
酸化還元電位 ·························· 9
酸化還元反応 ······················ 7, 12
酸化状態 ······························ 7
参照電極 ························ 10, 187
ジエチルカーボネート ·············· 42
式量電位 ···························· 11
時定数 τ ···························· 85
ジメチルカーボネート ·············· 42
充電状態 ···················· 8, 31, 56
充電反応 ······························ 6
充放電曲線 ···················· 16, 56
充放電特性 ·························· 27
充放電量 ···························· 56
ジュール熱 ·························· 15
寿命 ······························ 141
寿命推定 ·························· 141
条件付電位 ·························· 17
シリコン ···························· 35
人造黒鉛 ···························· 35
水素前方散乱分光法 ·············· 195
スズ系 ······························ 37
スチレン-ブタジエンゴム ·········· 48
スピネル型マンガン酸リチウム ····· 37
正極 ································ 11
セル電圧 ···························· 17
全固体 LIB ························ 180
全固体電池 ························ 180

全固体リチウムイオン二次電池 ····· 44
相互作用エネルギー ················ 22
相転移 ···················· 127, 163, 165
速度論的相互作用エネルギー ······· 16
ソフトカーボン ···················· 35

た

多孔体電極 ························ 123
多重インピーダンス ················ 146
ダニエル電池 ······················ 11
短絡 ······························ 113
チタン酸リチウム ·················· 35
直流パルス ························ 142
低温履歴 ···························· 88
低速イオン散乱 ···················· 199
データベース ······················ 91
電位ヒステリシス現象 ·············· 16
電位窓 ······························ 44
添加剤 ···························· 173
電気自動車 ························ 147
電気二重層 ························ 12
電極厚み変化測定 ·················· 164
電極活物質 ························ 18
電極電位 ···························· 10
電極の膨張収縮 ···················· 161
電極反応速度 ······················ 23
電池の構成材料 ···················· 34
電池反応熱 ···················· 13, 15
電流遮断弁 ························ 114
等価回路パラメータ ················ 144

205

索　引

等価回路モデリング ················ 70
透過型電子顕微鏡 ················ 197
トポケミカル反応 ·················· 3

な

内部短絡 ···················· 113, 116
内部抵抗 ························· 14
難黒鉛化性炭素 ················· 15, 35
二相共存反応 ····················· 17
ニッケル・コバルト・マンガン酸リチ
　ウム ························· 37
ニッケル系酸リチウム ·············· 37
入力ベクトル ···················· 144
熱暴走 ························· 115
熱力学的相互作用エネルギー ········ 16
ネルンスト式 ·················· 9, 10

は

ハードカーボン ··················· 35
ハーフセル ····················· 104
ハイブリッド ···················· 150
バトラー・ボルマー式 ·············· 16
パワー密度 ····················· 151
半値幅 ························· 18
判定アルゴリズム ················ 146
反応層の厚さ ····················· 31
反応分布 ······················ 133
非可逆性 ······················ 23
飛行時間型二次イオン質量分析 ···· 197

ヒステリシス ···················· 56
ヒステリシス現象 ·········· 8, 61, 142
ビニレンカーボネート ············· 171
被覆率 ························ 199
微分曲線 ········· 17, 26, 27, 28, 126
標準酸化還元電位 ················· 10
標準電極電位 ···················· 11
ファラデー定数 ··················· 10
負極 ·························· 11
負極材料 ······················ 34
不均化反応 ···················· 173
複素非線形最小二乗法 ·············· 71
複素平面プロット ················· 82
プラグインハイブリッド車 ········· 148
プラトー電位 ···················· 128
フロート試験 ···················· 104
プロピレンカーボネート ············ 42
分極発熱 ······················ 14
平均平方二乗誤差 ················ 145
ヘキサフルオロリン酸リチウム ···· 102
ペロブスカイト型 ················· 45
放電反応 ······················· 7
ホスファゼン ···················· 175
ポリイミド ····················· 48
ポリエチレンオキシド ············· 45
ポリフッ化ビニリデン ············· 48
ポリマーリチウムイオン二次電池 ··· 43

ま

水の除去 ······················ 174

や

容量低下 …………………………… 105
容量劣化 …………………………… 137

ら

ラザフォード後方散乱分光法 …… 195
ランドルス型等価回路 …………… 83
リサイクル ………………………… 147
リサイクル市場 …………………… 148
リチウム …………………………… 99
リチウムイオン …………………… 6
リチウムイオン間相互作用 ……… 17
リチウムイオン二次電池 ………… 2
リチウムイオンの拡散 …………… 29
リチウム金属析出 ………………… 139

リチウムデンドライト …………… 139
リチウム二次電池 ………………… 2
リチウムビス（オキサレート）ボレート ……………………………… 173
硫化物 ……………………………… 44
硫化物系全固体リチウムイオン二次電池 ……………………………… 180
リユース …………………………… 147
リン酸エステル …………………… 174
リン酸鉄リチウム ………………… 26
ルート則 …………………………… 98
劣化診断 …………………… 111, 135
レドックス反応 …………………… 7

わ

ワールブルグインピーダンス …… 83

○監修・編著者

小山昇（おやま　のぼる）

エンネット株式会社　代表取締役社長

1977～1980 年　東京工業大学（工）助手、米国カリフォルニア工科大学博士研究員、高分子機能電極の新分野を開拓

1981 年　東京農工大学（工）助教授、リチウムイオン二次電池の研究開発を開始

1989 年　同大学教授

2012 年 3 月　同大学大学院教授を定年退職（この間、米国カリフォルニア工科大学、九州大学・院総理工、米国コーネル大学で客員教授など）

2012 年 4 月　現職（この間、産総研で客員研究員など）

学位：工学博士：東京工業大学（1977）、茨城大学（工）学卒＆院修士

専門：電気化学、エネルギー電子化学

受賞歴：日本化学会学術賞（「分子機能電極の基礎および応用」、1989 年）など

○編著者

幸琢寛（みゆき　たくひろ）

技術研究組合リチウムイオン電池材料評価研究センター（LIBTEC）

外部連携室 室長、第 2 研究部 主幹研究員、委託事業推進室 主幹研究員

2002 年　エスティ・エルシーディ株式会社（現在の株式会社ジャパンディスプレイ）にて、中小型液晶パネル量産用のプロセス開発に従事

2007 年　産業技術総合研究所関西センターにて、次世代 LIB とその新規評価法の研究開発に従事

2012 年　神戸大学大学院工学研究科応用化学専攻　博士後期課程修了、博士（工学）

2013 年より現職

受賞歴：電池技術委員会賞（2016）

○著者（五十音順）

齋藤正裕（さいとう　まさひろ）

株式会社東レリサーチセンター　表面科学研究部　表面科学第2研究室　室長

2002年　京都大学工学部電気電子工学科卒業

2002年　東レ株式会社入社

2011年　京都工芸繊維大学大学院工芸科学研究科生命物質科学専攻　博士後期課程修了、博士（工学）

2016年10月〜2017年9月　Georg-August-Universität Göttingen II. Physikalisches Institut（ドイツ）　客員研究員

2018年より現職

古館林（ふるだて　りん）

学位：工学修士；東京農工大学（2007）

エンネット株式会社（研究員）

森脇博文（もりわき　ひろふみ）

株式会社東レリサーチセンター　有機分析化学研究部　主任研究員

1991年　国立米子工業高等専門学校工業化学科卒業

1991年　株式会社東レリサーチセンター入社

山口秀一郎（やまぐち　しゅういちろう）

学位：工学博士；東京工業大学（1982）

エンネット株式会社（研究員、プロジェクトリーダー）

リチウムイオン二次電池の性能評価
長く安全に使うための基礎知識　　　　　　　NDC 572.12

2019 年 7 月 30 日　初版 1 刷発行

（定価はカバーに表示してあります。）

　　　　　　　監　修　　小山　昇
　　Ⓒ　編　著　　小山　昇
　　　　　　　　　　　　幸　琢寛
　　　　　　　発行者　　井水　治博
　　　　　　　発行所　　日刊工業新聞社
　　　　　　　　　　　　〒 103-8548
　　　　　　　　　　　　東京都中央区日本橋小網町 14-1
　　　　　　　電　話　　書籍編集部　03-5644-7490
　　　　　　　　　　　　販売・管理部　03-5644-7410
　　　　　　　ＦＡＸ　　03-5644-7400
　　　　　　　ＵＲＬ　　http://pub.nikkan.co.jp
　　　　　　　e-mail　　info@media.nikkan.co.jp
　　　　　　　振替口座　00190-2-186076
　　　　　　　印刷・製本　美研プリンティング㈱

落丁・乱丁本はお取り替えいたします。　　　2019 Printed in Japan

ISBN978-4-526-07989-4　C3054

本書の無断複写は、著作権法上での例外を除き、禁じられています。